高等工科院校精品教材

材料力学实验

主 编 曹书文
副主编 刘秦龙 陈诚诚 孙 莹

中国建材工业出版社
北　京

图书在版编目（CIP）数据

材料力学实验 / 曹书文主编. --北京：中国建材工业出版社，2025.6
高等工科院校精品教材
ISBN 978-7-5160-3966-3

Ⅰ.①材… Ⅱ.①曹… Ⅲ.①材料力学—实验—高等学校—教材 Ⅳ.①TB301-33

中国国家版本馆 CIP 数据核字（2023）第 250781 号

材料力学实验
CAILIAO LIXUE SHIYAN
主　编　曹书文
副主编　刘秦龙　陈诚诚　孙　莹

出版发行：中国建材工业出版社
地　　址：北京市西城区白纸坊东街 2 号院 6 号楼
邮　　编：100054
经　　销：全国各地新华书店
印　　刷：北京印刷集团有限责任公司
开　　本：787mm×1092mm　1/16
印　　张：6.25
字　　数：130 千字
版　　次：2025 年 6 月第 1 版
印　　次：2025 年 6 月第 1 次
定　　价：36.00 元

本社网址：www.jskjcbs.com，微信公众号：zgjskjcbs
请选用正版图书，采购、销售盗版图书属违法行为
版权专有，盗版必究。本社法律顾问：北京天驰君泰律师事务所，张杰律师
举报信箱：zhangjie@tiantailaw.com　举报电话：(010)63567684
本书如有印装质量问题，由我社事业发展中心负责调换，联系电话：(010)63567692

前　言

为了培养学生的实践和创新能力，编者在总结多年实验教学实践的基础上，结合材料力学、工程力学等课程教学大纲要求，以及西安建筑科技大学力学实验中心的实验仪器设备和实验内容情况，编写了这本《材料力学实验》。本书既适用于工科院校材料力学基础实验教学，也可用于学生综合能力训练。

科学实验是进行科学创新的必经之路，教学实验是科学实验的基础。材料力学实验是理工科专业的重要技术基础实验课程。学生通过对这门课程的学习，掌握了材料力学实验的基本原理和方法。这对培养学生严谨求实的工作作风、提高科学研究分析问题和解决问题的能力都具有十分重要的意义。

材料力学的许多理论模型和公式是建立在将真实材料和实际结构理想化基础上的，因此这些模型和公式是否合理，只有通过实验才能验证。在进行结构和构件设计时，需要使用构件的强度、刚度和稳定性等力学性能参数，而这些参数只能由材料力学实验测定。同样，新材料的力学性能也要经过实验测试后才能确定。

本书注重对学术实践能力和创新能力的培养，对实验仪器、实验原理、实验方案和步骤进行了较详细的说明，尽可能具有可操作性。学生参考实验教材，只需实验指导老师稍做提示即可独立完成实验内容。

本书由曹书文担任主编，刘秦龙、陈诚诚、孙莹担任副主编。全书由曹书文统稿、杨耀锋审阅。

本书在策划和编写过程中参阅了众多兄弟院校材料力学实验指导书，同时得到西安建筑科技大学理学院领导和力学系老师的支持，在此一并表示衷心的感谢。

由于编者经验和水平有限，书中难免存在疏漏和不妥之处，敬请读者批评指正。

编　者

2025 年 5 月

目 录

1 绪论 ·· 1
   1.1 材料力学实验的性质和任务 ·· 1
   1.2 材料力学实验的内容 ··· 1
   1.3 材料力学实验的特点 ··· 2
   1.4 材料力学实验的教学方法 ·· 2

2 主要测试设备和仪器 ·· 4
   2.1 电子万能试验机 ·· 4
   2.2 微机数控扭转试验机 ··· 9
   2.3 材料力学多功能实验台 ·· 11
   2.4 游标卡尺 ·· 12
   2.5 电子引伸计 ··· 14
   2.6 静态电阻应变仪 ··· 15
   2.7 测力仪 ·· 19
   2.8 力和应变综合测试仪 ··· 20
   2.9 千分表 ·· 24

3 材料力学性能实验 ··· 26
   3.1 金属材料拉伸实验 ·· 26
   3.2 金属材料压缩实验 ·· 31
   3.3 低碳钢拉伸弹性模量测定实验 ·· 35
   3.4 金属材料扭转实验 ·· 36
   3.5 剪切弹性模量测定实验 ··· 40

4 电测应力实验 ··· 43
   4.1 梁弯曲正应力电测实验 ··· 43
   4.2 弯扭组合变形的主应力测定实验 ··· 45

5 选做实验 ·· 51
   5.1 规定非比例伸长应力的测定实验 ··· 51
   5.2 冲击实验 ·· 53
   5.3 压杆稳定实验 ··· 55
   5.4 组合梁（叠梁）应力测定实验 ·· 57
   5.5 复合梁应力测定实验 ··· 61
   5.6 工程桁架结构内力测定实验 ·· 64
   5.7 非接触全场应变测量实验 ·· 65

6 误差分析和数据处理 ·· 68
　　6.1 基本概念 ··· 68
　　6.2 系统误差的减小和消除 ·· 70
　　6.3 随机误差的理论 ··· 71
　　6.4 离群值的判断与处理 ·· 72
　　6.5 最小二乘法 ··· 75
附录　材料力学实验报告 ·· 78
参考文献 ··· 93

1 绪 论

1.1 材料力学实验的性质和任务

材料力学实验是材料力学的重要支撑。材料力学从理论上研究工程结构中杆件的应力，并对杆件的强度、刚度和稳定性进行设计；材料力学实验则从实验角度为材料力学理论和应用提供支撑。当理论分析遇到困难或者出现新材料时，可以采用实验技术和方法，直接对构件应力进行分析。作为材料力学课程的实践性教学环节，它具有独特的不可替代的作用，主要体现在以下两个方面：

(1) 材料力学理论是建立在材料力学实验的基础上的，通过实验，学生可以更深刻理解材料力学理论。材料力学的先驱是意大利人达·芬奇，他最先用实验方法研究梁、柱等杆件的强度问题。英国人胡克在做实验过程中，发现弹簧上所加重力的大小与弹簧的伸长量成正比，总结出著名的胡克定律。我国教育学家郑玄在《周礼注疏》中写道"假令弓力胜三石，引之中三尺，驰其弦，以绳缓擺之，每加物一石，则张一尺"，正确地揭示了力与变形成正比的关系，而郑玄的发现比胡克的发现要早约1500年。随着材料力学学科体系的发展，材料力学实验逐步受到重视，同时材料力学实验技术的进步为材料力学理论的发展奠定了坚实的基础。

(2) 材料力学实验所测定的材料的力学性能是结构、机械等工程中构件设计的基本依据。通过材料力学实验，学生可以了解典型材料的力学性能，掌握实际工程中应力-应变测试技术的基本知识和基本方法，为以后的工作打下基础。

材料力学的研究对象是可变形杆件，所以材料力学实验的基本任务是分析可变形杆件在外力作用下的应力-应变间的相互关系及特征参数。

1.2 材料力学实验的内容

材料力学实验主要包括以下3个方面内容：

1. 材料的力学性能测定

材料的力学性能是指在外力作用下，材料在变形、强度等方面表现出的一些特征，如屈服极限、强度极限、弹性模量、断后伸长率、冲击韧度等。这些强度指标或参数都是构件强度、刚度和稳定性计算的依据，主要通过实验来测定。此外，材料的力学性能测定又是检验材质、评定材料热处理工艺、焊接工艺的重要手段。随着材料科学的发展，各种新型合金材料、合成材料不断涌现，力学性能的测定，是研究每一种新型材料的重要任务。材料的力学性能特征指标一般是按照国家标准规定的方法，采用标准试件，通过拉伸、压缩、扭转等实验来获得的。

2. 验证已建立的理论

材料力学的很多理论和公式（如压杆稳定理论和梁弯曲正应力公式）是以某些假设和简化为基础建立的。这些假设和简化是否与实际相符，可以通过实验验证。另外，对一些近似分析，其精度必须通过实验验证后才能在工程中使用。

用实验验证这些理论的正确性和适用范围，有助于加深对理论的认识和理解。至于对新建立的理论和公式，用实验来验证更是必不可少。实验是揭示材料受力变形过程本质的重要方法，是验证、修正和发展理论的必要手段。

3. 复杂应力状态的实验分析

实际工程中，许多构件受力复杂、几何形状不规则、精确的边界条件难以确定等，很难用力学理论进行分析和计算。这时，可采用诸如电测法、光弹性法等实验应力分析方法直接测定构件的实际应力分布情况。另外，使用有限单元法等数值方法进行分析和计算时要经过大量简化，得到的计算结果的精确性也必须通过实验进行验证。本书介绍的应变电测方法即可用于这类复杂应力状态的实验。

1.3　材料力学实验的特点

和其他学科实验相比，材料力学实验具有以下特点：

1. 标准化

材料的力学性能如屈服极限、强度极限、弹性模量、断后伸长率等，与试件的形状、尺寸、表面粗糙度、环境和实验方法有关。中国和欧美各国家中都制定了相应的测试标准，以使实验结果具有可比性。我国的国家标准（GB）已基本与国际标准接轨。

2. 实用性

材料力学实验与工程实际密切相关，无论材料的力学性能测试还是应力-应变测试，其设备和方法都与工程实际中所用相同，因此材料力学实验技能可以直接用于工程实际。如建筑工程中的钢筋和混凝土的力学性能测试、钢结构构件的应力测试等都用到材料力学实验技能。

1.4　材料力学实验的教学方法

实验教学与理论教学有显著的不同，它是通过一定的检测或观测手段，模拟一个典型工程或生产实际的发生与发展过程来认识理论、探索未知。学习、发现与训练的过程主要体现在动手操作、读取信息、分析总结等几个主要环节上。在教学方法上可概括为以下4个重要环节：

1. 实验预习

借助实验预习明确实验的目的、任务、原理、步骤和要求，使用的主要仪器设备、原理和使用注意事项，对实验过程中可能出现的问题和结果有所准备。

2. 实验准备

检查仪器设备的运行是否正常；必备的工具、量具、材料、器件是否齐全，摆放位置是否恰当；明确各成员分工和岗位。

3. 实验操作

严格按照操作规程操作仪器设备和读取记录数据，分析判断实验过程是否正常。发现不正常情况及时请教指导老师或中止实验。实验操作完成后要请指导老师检查验收。验收合格后按要求切断电源，整理现场，将仪器设备、量具工具等归还原位，摆放整齐。

4. 撰写实验报告

撰写实验报告是实验的重要环节，其作用不只是提交和报告实验结果，而且起着保存原始实验数据、实验状态和实验条件的作用。

2 主要测试设备和仪器

2.1 电子万能试验机

电子万能试验机是综合了精密机械传动、现代电子测量和控制技术的新型机械式试验机。它对荷载、位移、变形的控制和测量有很高的精度。电子万能试验机可以进行金属材料、非金属材料、复合材料等的拉伸、压缩、剪切、弯曲等实验。

不同厂家生产的电子万能试验机的主机结构、传动系统、信号转换元件、控制原理等基本相同，只是操作界面稍有差异。下面以中机试验装备有限公司生产的 100kN 电子万能试验机为例，介绍其构造与使用（图 2-1）。

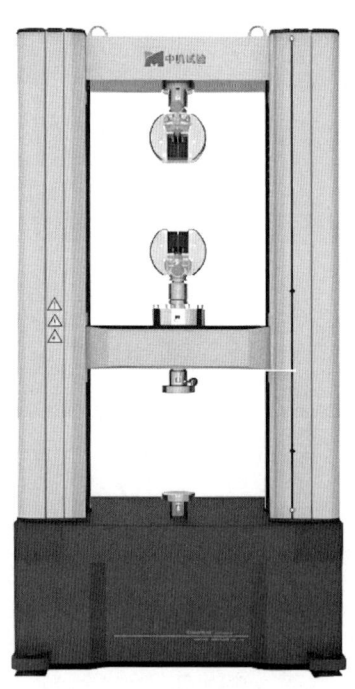

图 2-1　电子万能试验机

该试验机由伺服电动机驱动，丝杠带动横梁上下移动。由力传感器测量实验中的力，由光电编码器测量横梁的位移。试验机的控制、数据记录和处理由控制系统和计算机完成。安装试件后，试验机可通过荷载、变形、位移等传感器获得相应的模拟信号或数字信号。该信号通过控制器进行数据采集和转换，并将数据传递给计算机。计算机一方面对数据进行处理，以图形及数值形式显示出来；另一方面将处理后的信号与初始设定值进行比较，调节横梁移动改变输出量，并将调整后的输出值传递给伺服控制系统，从而可达到横梁位移速率、应变速率、应力速率等实验速率的控制需要。试验机由主机、附件和测控系统组成，主机主要由负荷机架、传动系统、夹持系统和限位装置构成。主机结构详图如图 2-2 所示。

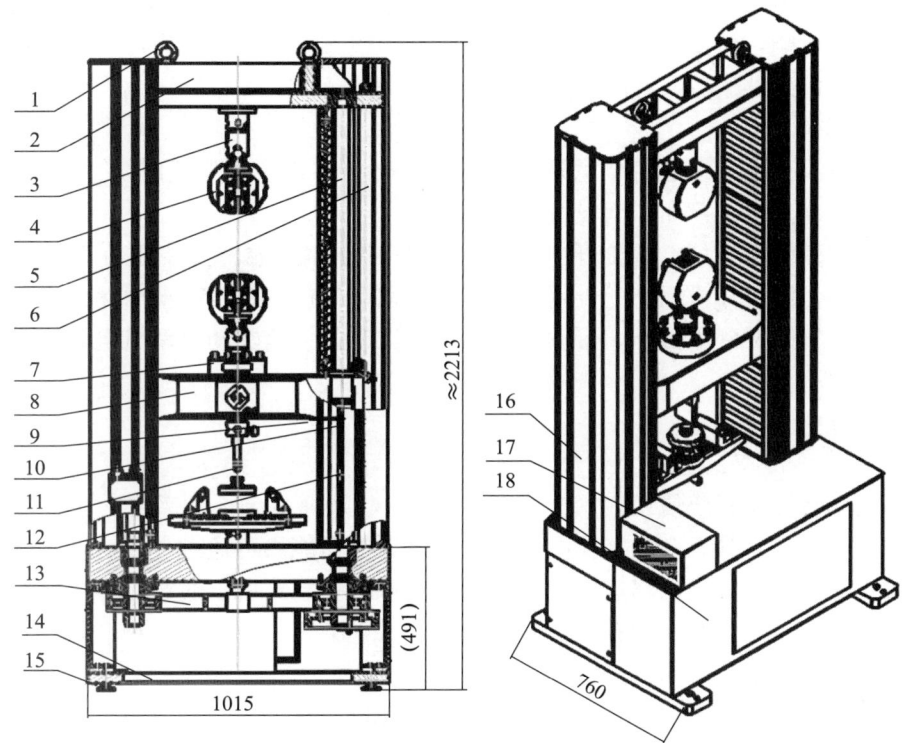

1—吊环螺钉；2—上横梁；3—万向联轴节；4—拉伸夹具；5—滚珠丝杠；6—立柱；
7—负荷传感器；8—活动横梁；9—限位挡杆；10—限位杆；11—三点弯曲试台；12—限位环；
13—减速装置；14—底框；15—调整螺钉；16—围板；17—电机防尘罩；18—配电箱

图 2-2　电子万能试验机结构图

2.1.1　主机部分

1. 负荷机架

负荷机架是由 4 根立柱支承上横梁与工作台面构成的门式框架，丝杠穿过活动横梁两端并安装在上横梁与工作台面之间。工作台面 4 脚支承在底板上，机械传动减速机也固定在工作台面上。工作时伺服电动机驱动机械传动减速器，减速机输出轴通过同步皮带驱动滚珠丝杠传动，驱动活动横梁上下移动。活动横梁上部空间为拉伸区，下部空间为压缩或弯曲区，实验过程中，力在门式负荷框架内得到平衡。需要注意的是，在主机开动前须调整上、下限位环的位置，使位移保护装置操纵限位开关，保证活动横梁运行时不与上横梁和工作台面相撞且有足够的实验行程空间。

2. 传动系统

传动系统由交流伺服电动机系统、减速装置等组成，电动机通过减速机进行减速传动。用行星减速机传动精度高、无须润滑、噪声低、可消除正反向传动间隙。

3. 夹持系统

电子万能试验机可以配置拉伸、压缩、弯曲、剪切等夹持附件，用于装夹相应的试件，按照国家标准的要求进行实验。

在夹具的上夹头安装有万向联轴节，它的作用是消除由于上、下拉伸夹具的不同轴度误差带来的影响，使试件在拉伸过程中只受到轴线方向的单向力作用，并使该力准确地传递给荷载传感器。

4. 限位装置

限位装置主要是为了避免在意外的情况发生时（多指控制失灵时），活动横梁与上横梁或工作台面发生碰撞而引起设备损坏。

限位保护装置由导杆、限位开关以及上、下限位环组成，安装在负荷机架的右前方。调整上、下限位环可以预先设定横梁上、下运动的极限位置，从而保证当活动横梁运动到极限位置时碰到限位环，带动导杆操纵限位开关切断驱动电动机电源，立即使活动横梁停止运行。

2.1.2 数字控制系统

试验机测量控制系统使用我国自主研制的 EDC 系列数字控制系统。该控制器采用数字信号处理技术，具有全数字控制、多通道采集等功能。可通过负荷、变形、位移传感器测量相应参量及实现位移速度和应力、应变速率控制。可以通过网卡接口与计算机通信，将各种实验操作纳入计算机控制。

2.1.3 测量系统

测量系统包括荷载测量、位移测量和变形测量三部分。

1. 荷载测量

荷载测量通过采用图 2-3 所示轮辐式负荷传感器进行测量，该类型传感器具有整体高度低、密封、内充保护气体等特点，可拉、压两用，性能稳定可靠。这种传感器为应变计式传感器，以电阻应变计为敏感元件，可将被测物理量转化为电信号，便于实现测量的数字化和自动化。

图 2-3 轮辐式负荷传感器

2. 位移测量

横梁相对于初始位置的位移量是通过丝杠的转动实现的。丝杠转动时，装在丝杠上的光电编码器输出脉冲信号，经过转化测得活动横梁的位移量。

3. 变形测量

变形测量通过变形传感器进行测量。变形传感器分为两种：一种测量轴向变形，称为轴向变形引伸计；另一种测量径向变形，称为径向变形引伸计。在拉伸实验中通常采用轴向变形引伸计，用于测量拉伸或疲劳实验时试件标距内产生的变形。其外形和结构见 2.5 节。

2.1.4 操作方法

（1）启动计算机，接通数字控制系统电源。双击计算机桌面上 Text Expert 图标，单击"登录"按钮进入试验机启动联机界面。默认密码为空，进入"实验操作"界面后单击"联机"按钮进行联机。联机成功后"启动"按钮变成绿色，如图 2-4 所示。

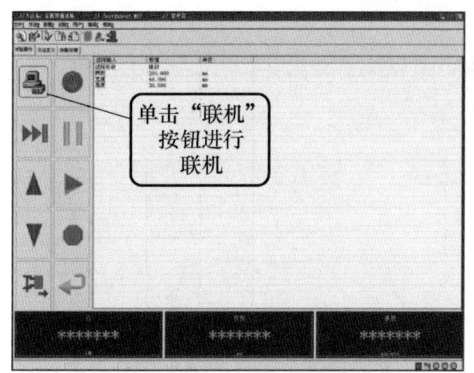
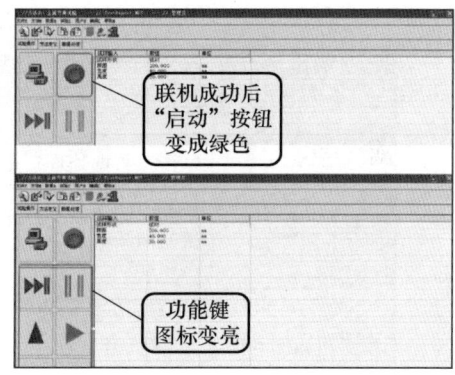

图 2-4 试验机启动联机界面

（2）单击"启动"按钮后，功能键图标变亮。这时就可以用手控盒控制横梁进行上、下移动，调节下横梁到合适位置，安装好试件。如果是压缩实验，将横梁和试件的缝隙调到 1mm 左右即可。

（3）实验方法设置：单击"方法"按钮，弹出下拉菜单。其中包含机器出厂时已经设置好的一些实验方法。单击其选项可以快速选取对应的实验方法，如拉伸实验或压缩实验等。

（4）单击"方法定义"按钮进入"方法定义"主界面。它包含 3 个子菜单，分别是"基本设置""设备及通道"和"控制与采集"。这里只对直径进行修改，通过直径右边的"编辑"，输入该实验试件对应直径后确认。

（5）单击"实验操作"按钮，回到试验机启动联机界面，将下面的力、位移、变形等数字清零。力清零方法是将指针移到力显示数字上右击，然后左键清零，其他值清零方式相同。

（6）单击绿色三角符号按钮即开始实验，观察实验过程及曲线。如果是拉伸测弹性模量 E 实验，实验前应将电子引伸计安装在拉伸试件的工作段，然后拔下限位销，如果屏幕下方变形数字有变动，表示电子引伸计已连接好。电子引伸计的标距是 50mm，试件直径一般是 10mm 左右，屏幕上应显示力-变形曲线，力从 2~16kN 每增加 2kN 力时读一次电子引伸计的变形数，两者读数要同步。读完最后一次数后，检查变形读数增量是否基本相等，如果基本相等即验证力和变形呈线性关系，否则单击红色"停止实验"按钮。单击活动横梁上升按钮,以缓慢速度将力卸载到 0N,按上述步骤重新进行拉伸测弹性模量 E 实验。当力值上升到 16kN 时,单击"引伸计"图标,变形通道采集将停止工作,从试件上取下电子引伸计继续实验,将试件拉断后单击"停止实验"按钮,取下试件,读取实验屈服力和破坏力值数据。如果是铸铁压缩实验,达到最大力后听到破坏声音或荷载下降 80%,即可单击"停止实验"按钮,取下试件,读取实验数据并进行实验结果分析。

(7) 实验结果打印设置。

① 单击"数据处理"按钮进入数据处理界面。该界面显示保存在本机的所有实验数据,可以随时调阅查看和打印实验曲线。界面右侧是查询功能区,如果实验数据很多,可以使用查询功能来快速查找需要的实验数据,如图 2-5 所示。选择想要打印的实验数据,双击实验数据,这时显示实验曲线。

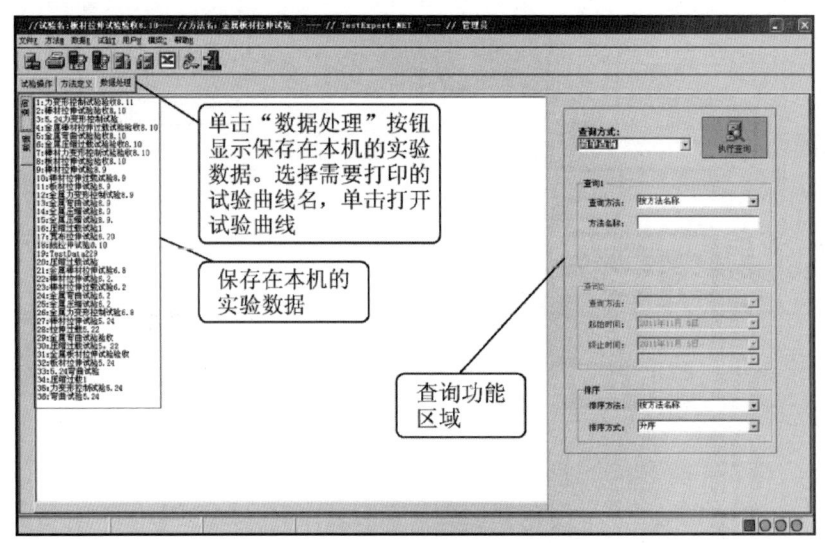

图 2-5　查询实验数据及处理界面

② 单击"方法定义"按钮进入方法定义界面,选择"编辑打印文档"和"设置报告标题"这两个菜单命令进行文档和标题的编辑。

编辑打印文档:单击"方法定义"按钮进入基本设置界面,选择"编辑打印文档"命令,弹出"设置打印文档"对话框,在这里可以设置需打印文档的"文档标题"与"文档内容"。

添加用户自定义文档:在"设置打印文档"对话框中单击"添加用户自定义文档"按钮,会弹出"输入用户自定义文档"对话框,输入相应的文档标题即可,如实验员、实验材料、实验日期等,自定义文档完成后显示在"可选文档标题"栏,双击该文档可以快速选取。选取的文档标题显示在"已选文档标题"栏中。

输入文档内容:在"设置打印文档"对话框中单击"输入文档内容"按钮,会弹出文档内容输入栏,在这里可以输入"已选文档标题"的内容,如实验员为"小陈",实验材料为"低碳钢",实验日期为"2023 年 6 月 5 日"等。

设置报告标题:单击"方法定义"按钮进入基本设置界面,然后单击"设置报告标题"按钮,会弹出"输入标题内容"对话框。在这里可以自定义报告标题和文档内容。

完成以上操作后单击"保存方法"按钮,这时所设置的打印文档方法将被保存,方便下次继续使用该格式打印。

③ 单击"数据处理"按钮,进入数据处理界面,在界面中单击"打印"按钮。

进入打印界面后单击"打印预览"按钮可进行打印预览,目的是查看即将打印的报告文档是否输入正确。如发现输入有误则按照以上步骤重新修改,确认无误后单击"打印"按钮进行打印。

(8) 若不需要打印报告即可进行下一项实验。如果实验全部完成,退出实验程序,关掉仪器电源。

2.2 微机数控扭转试验机

扭转试验机用于测定金属或非金属试件受扭时的力学性能,目前应用广泛的是微机数控扭转试验机。微机数控扭转试验机是将微机控制技术、机械传动和传感技术相结合的新型扭转试验机。它具有荷载显示精度高、扭转角测量范围广、可同步显示扭矩-扭转角曲线图的特点,同时具有程控加载,数据存储、分析和处理功能。

2.2.1 构造原理

下面以国产 NWS-500 型扭转试验机(图 2-6)为例,介绍微机数控扭转试验机的构造与使用。该试验机工作时由计算机给出指令,通过交流伺服调速系统控制交流电动机的转速和转向,带动摆线针轮减速机,经减速机减速后由齿形带传递到主轴箱带动夹头旋转,对试件施加扭矩,同时由检测器件扭矩传感器和光电编码器输出参量信号,经测量系统进行放大转换处理,检测结果反映在计算机的显示器上,并绘制出相应的扭矩-扭转角曲线。试验机主机结构详图如图 2-7 所示。

图 2-6　NWS-500 型扭转试验机

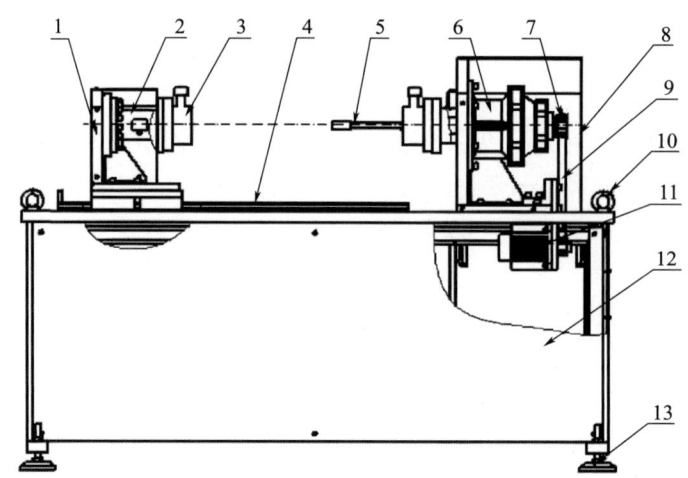

1—尾座；2—扭矩传感器；3—夹具；4—直线导轨；5—试样；6—减速机；7—同步带轮；
8—减速机罩；9—同步皮带；10—吊环；11—伺服电机；12—机架；13—地脚

图 2-7　扭转试验机主机结构详图

1. 加载系统

加载系统采用高可靠性的电机和减速器，以确保传动的平稳性，同时减少功率损耗。如图 2-7 所示，扭转试件安装在主动夹头和从动夹头之间，从动夹头和扭矩传感器相连，扭矩传感器安装在可沿直线导轨移动的移动尾座上。从动夹头可以随尾座在导轨上自由移动，用于调整试验空间和试验时随试样的轴向变形而移动，避免产生轴向附加力。

2. 数据采集与处理系统

试验过程中，伺服电动机工作后，通过减速器带动活动扭转夹头运动，从而使试件受力。扭矩传感器产生输出信号。测控系统以单片机为核心，进行扭转实验控制及数据采集。由高精度数据放大器和高精度 A/D（模/数）转换器等组成的外围电路组成数据测量、处理等多个测控单元，把采集到的数据经过转换后送给计算机做进一步处理。

2.2.2　NWS 型扭转试验机操作方法

（1）启动计算机，接通扭转试验机主机电源，双击计算机桌面上 Text Expert 图标，单击"登录"按钮进入试验界面。默认密码为空，进入"试验操作"界面后单击"联机"按钮进行联机。联机成功后"启动"按钮变成绿色。

（2）单击"启动"按钮后，功能键图标变亮，这时可以用手控盒控制电动机进行可动夹具正、反转，调节夹具到合适位置，安装好试件，用粉笔在试件工作段画一条平行于试件轴线的直线，以观察试件的扭转角变形情况。

（3）实验方法设置：单击"方法"按钮，弹出下拉菜单，其中包含机器出厂时已经设置好的一些实验方法，单击可以快速选取对应的实验方法，如低碳钢扭转实验或铸铁扭转实验等。

（4）单击"方法定义"按钮进入方法定义主界面。它包含 3 个子菜单，分别是"基本设置""设备及通道"和"控制与采集",只需对"基本设置"中的直径进行修改,通过对直径右侧项目的"编辑"键,输入该试件最小直径确认。

(5)单击"实验操作"按钮,回到实验界面,对下面的"扭矩""转角"数值清零,清零方法是将鼠标指示移到扭矩、扭转角显示数字上右击,然后单击清零。

(6)单击三角符号绿色键即开始实验,观察实验过程及曲线,待试件扭断后单击"停止实验"按钮,取下试件,读取实验数据。

(7)进行下一个实验,如果实验全部完成,退出实验程序,关掉放大器电源和计算机电源。

2.3 材料力学多功能实验台

材料力学多功能实验台(图2-8)是进行材料力学电测法实验的装置,可将多种材料力学实验集中在一个实验台上进行。其功能全面,操作简单。

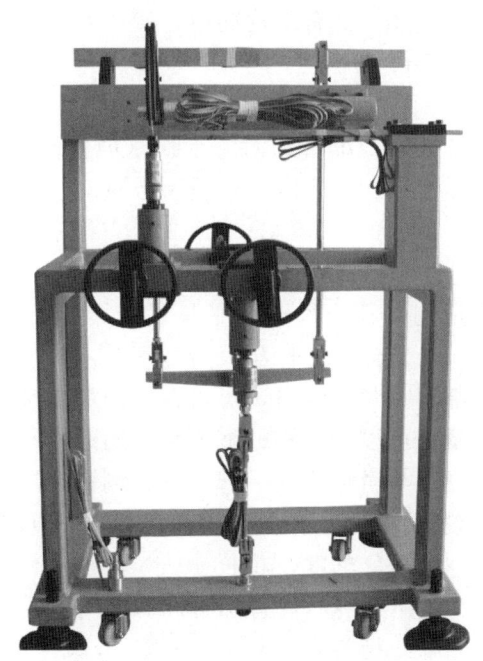

图 2-8 材料力学多功能实验台

2.3.1 构造原理

实验台为框架结构,分为前、后两部分(图2-8)。前面部分可开展弯扭组合变形主应力测定实验、材料弹性模量 E、泊松比 μ 的测定实验、偏心拉伸实验、压杆稳定实验;后面部分可以开展纯弯曲正应力电测实验、应变计灵敏系数测定实验等。

实验台采用蜗杆机构和螺旋复合机构,通过传感器和加载装置对试件进行加载,由力和应变综合测试仪的测力部分(或数字式测力仪)测出施加的力值;各试件受力后变形通过力和应变综合测试仪的应变测试部分(或电阻应变仪)显示。

2.3.2 操作方法

（1）将实验所需试件通过相关附件连接到实验台相应位置。

（2）将力传感器连接到力和应变综合测试仪（或数字式测力仪）的力输入接口，将应变计导线连接到力和应变综合测试仪（或应变仪）的各个通道接口。

（3）打开仪器电源，预热 30min，输入应变计灵敏系数（一般首次使用已设定好，后续实验可不用重新输入），在未加载时将力和变形通道值清零。

（4）在初始值基础上对各试件进行分级加载，转动手轮速度要均匀，记录各级力值和试件产生的应变值，进行计算、分析和验证。

（5）实验完成后，卸载力值至 0N，避免损坏传感器和试件。

2.4 游标卡尺

游标卡尺是一种常用的量具，具有结构简单、使用方便、精度中等和测量尺寸范围大等特点。可以用它来测量零件的外径、内径、长度、宽度、厚度、深度和孔距等，应用范围很广。

常用的游标卡尺有 3 种类型，即普通游标卡尺（简称游标卡尺）、带表卡尺和数显卡尺。本书仅介绍普通游标卡尺和带表卡尺的使用方法。

2.4.1 构造原理

游标卡尺是常用来测量构件几何尺寸的量具，由尺身及能在尺身上滑动的游标组成。若从背面看，游标是一个整体。游标与尺身之间有一弹簧片，利用弹簧片的弹力使游标与尺身靠紧。游标上部有一紧固螺钉，可将游标固定在尺身上的任意位置。尺身和游标都有量爪，利用内测量爪可以测量槽的宽度和管的内径，利用外测量爪可以测量零件的厚度和管的外径。深度尺与游标连在一起，可以测槽和筒的深度。

尺身和游标上面都有刻度。以准确到 0.02mm 的游标卡尺为例，尺身上的最小分度是 1mm，游标上有 50 个小的等分刻度，总长 49mm，每一分度为 0.98mm，与尺身上的最小分度相差 0.02mm。量爪并拢时尺身和游标的零刻度线对齐，它们的第 1 条刻度线相差 0.02mm，第 2 条刻度线相差 0.04mm……第 50 条刻度线相差 1mm，即游标的第 50 条刻度线恰好与主尺的 49mm 刻度线对齐。当量爪间所量物体的线度为 0.1mm 时，游标向右应移动 0.1mm。这时它的第 5 条刻度线恰好与尺身的 5mm 刻度线对齐。同样当游标的第 25 条刻度线跟尺身的 25mm 刻度线对齐时，说明两量爪之间有 0.5mm 的宽度，以此类推。在测量大于 1mm 的长度时，整的毫米数要从游标零线与尺身相对的刻度线读取，小数位从游标上读取，两者之和为实际测量尺寸。具体读数方法如图 2-9 所示。

首先看尺身上被游标零线超过的刻线整数，如图 2-9 所示，超出尺身 4 格，整数为 4mm；然后看游标与尺身上刻线对得最齐的那条刻线是多少（游标上每一小格是 0.02mm），这里对齐的是 0.72mm，两者相加得 4.72mm，这就是测得的尺寸。

主要测试设备和仪器

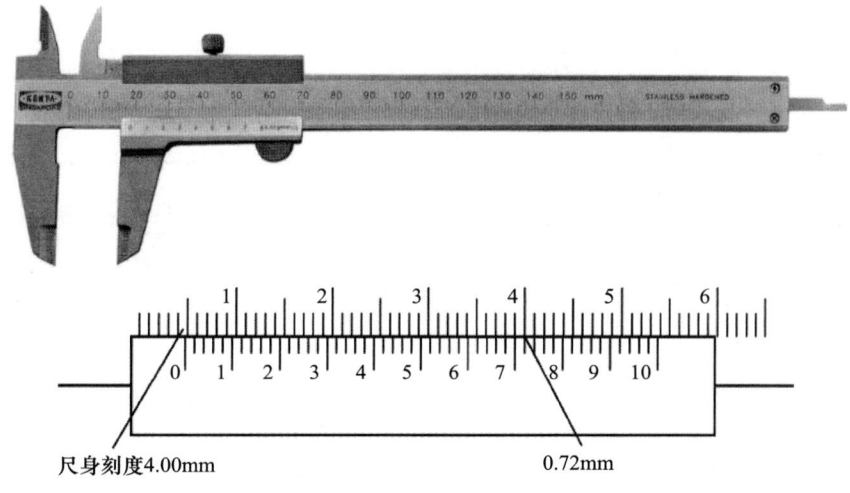

图 2-9 游标卡尺

2.4.2 带表卡尺

带表卡尺（图 2-10）的外形与游标卡尺相似，它是利用机械传动系统，将两测量面的相对移动变为指示表指针的回转运动，并借助尺身标尺和指示表对两测量面相对移动所分隔的距离进行读数的测量器具。

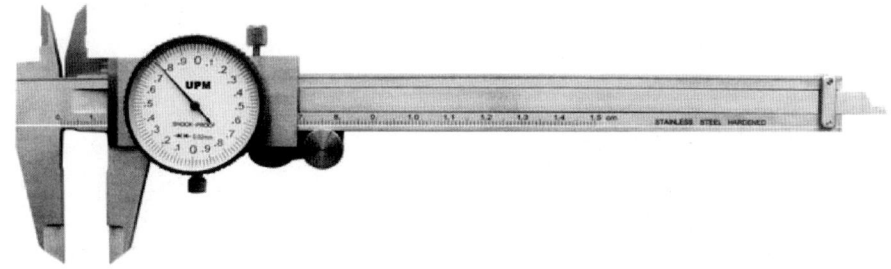

图 2-10 带表卡尺

带表卡尺的用途与游标卡尺相同，但测量准确度高些。带表卡尺的使用方法与游标卡尺相似。读数装置由尺身和指示表两部分组成，当尺框上的活动测量爪与尺身的固定测量爪贴合时，尺框左边线"读数部位"与尺身的零线对齐，指示表的指针位于正上方并指"0"，此时两测量爪之间的距离为零。测量时，将尺框向右移到某一位置，这时的活动测量爪与固定测量爪之间的距离就是被测尺寸。被测尺寸的整数部分可从读数部位左边的尺身刻度线上读出，而小数部分可由指示表指针读出，图 2-11 所示尺身的读数（整数部分）是 36mm，表盘上的读数（小数部分）是 0.26mm，所测试件尺寸为两者之和，即 36.26mm。

图 2-12 所示是一些正确和不正确的测量方法，其中图 2-12（a）～图 2-12（c）所示为试件测量时的不正确测量方法；图 2-12（d）～图 2-12（f）所示为试件测量时的正确测量方法。

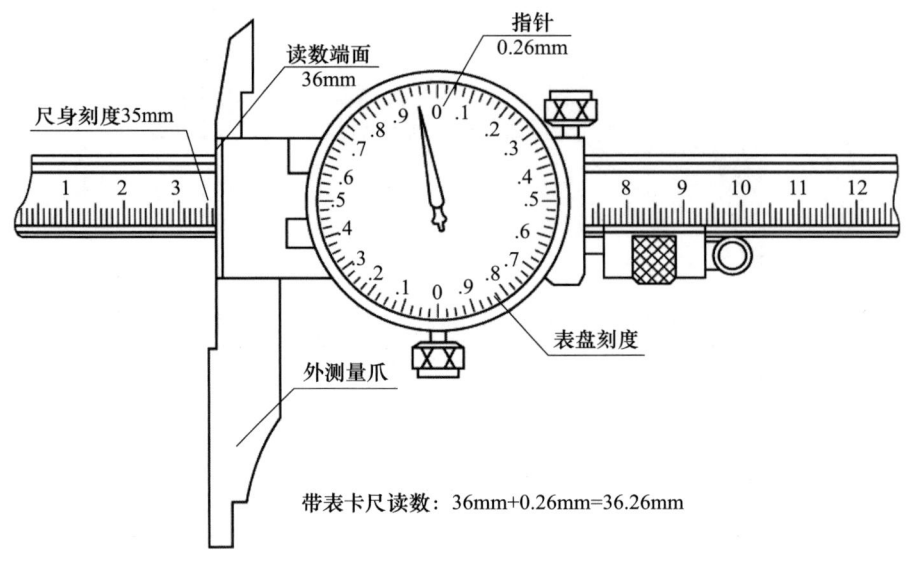

图 2-11 带表卡尺读数

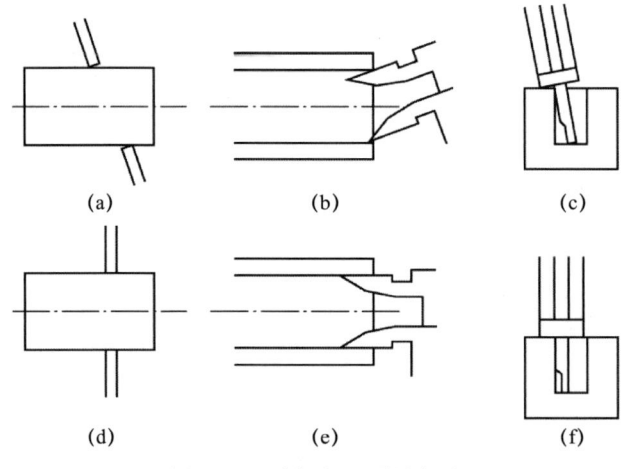

图 2-12 游标卡尺测量方法

2.5 电子引伸计

2.5.1 构造原理

电子位移引伸计是一种测量试件受力变形值大小的传感器，简称电子引伸计。应变计式引伸计由于原理简单，安装方便，被广泛使用。电子引伸计按测量对象可分为轴向引伸计、横向引伸计和夹式引伸计。

图 2-13 所示为用于金属试件拉伸实验的应变计式轴向电子引伸计，其构造原理如图 2-14 所示。它由一个弹性元件连接两根变形传递杆构成，弹性元件上贴有 4 片电阻应变计，组成全桥电路连接到试验机测试系统。电子引伸计结构形式如 U 形，上下测

杆是两个悬臂梁，在悬臂梁上、下表面贴电阻应变片，梁自由端的位移（挠度）与梁表面应变成正比。由材料力学可知，梁端点的挠度为

$$y_0 = \frac{FL^3}{3EI}, \quad I = \frac{bh^3}{12}$$

贴应变片处应变 $\varepsilon = \frac{\sigma}{E}$，即 $\varepsilon = \frac{6Fx}{bh^2 E}$，由此得出

$$y_0 = \frac{2L^3 \varepsilon}{3hx}$$

式中：F 为作用力；L 为跨度；E 为梁材料的弹性模量；I 为梁截面惯性矩；b 为梁的宽度；h 为梁的厚度；x 为应变片位置到自由端距离。

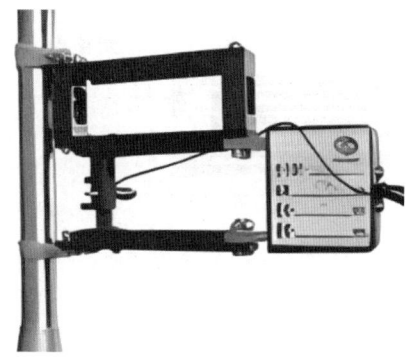

图 2-13　轴向电子引伸计

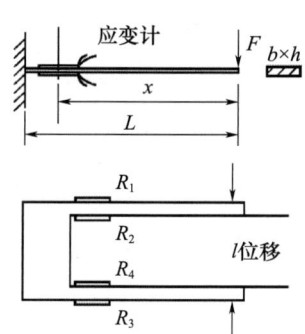

图 2-14　轴向电子引伸计的构造原理

2.5.2　使用方法

使用时用橡皮筋或弹簧夹将电子引伸计的右边刀口固定在试件工作段两端（图 2-13），试件变形时，电子引伸计的刀口随之一起变化，同时引起应变片电阻的变化，通过应变仪即可测出变形值。

其使用步骤如下：
（1）将定位销插入定位孔内。
（2）将电子引伸计上、下刀口中点接触试件测量部位，用弹簧卡或者橡皮筋分别将电子引伸计的上、下刀口固定在试件上。
（3）取下定位销。
（4）在试验机控制软件上选择变形测量方式，选择曲线为"力-变形曲线"进行测量。

需要注意的是，实验过程中不能碰触引伸计，遇到不正常情况时应重新安装电子引伸计。

2.6　静态电阻应变仪

电阻应变仪和电阻应变计是电测法中主要使用的仪器与测量元器件。电阻应变仪的功能是将被测构件的机械量应变的变化，转换为电量电阻的变化，然后把测得的电阻改变量转换为欲测定的机械量，如应变等。

2.6.1 电阻应变计

1. 电阻应变计的基本构造

电阻应变计是将构件表面的应变量（将电阻应变计粘贴在构件被测部位表面）转化为电阻改变量的一种元器件。电阻应变计一般由敏感栅、黏结剂、基底、引线和覆盖层五部分组成（图2-15）。早期应变计的敏感栅由金属丝绕成栅形，敏感栅常用材料有铜镍合金、镍铬合金；基底和覆盖层常用材料为有机树脂；黏结剂常用材料有快干胶环氧树脂、酚醛树脂等；引线一般用镀锡细铜丝。后期出现的箔式应变片的敏感栅采用金属箔光刻而成，可制成多种图形和应变花（图2-16）。栅的尺寸可以很小，栅长最小可加工至0.2mm，目前箔式应变计应用最为广泛。

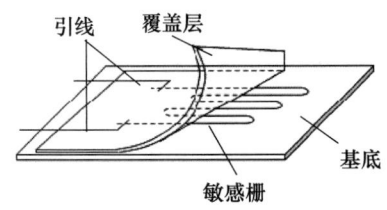
图2-15 应变计基本构造（丝绕式）

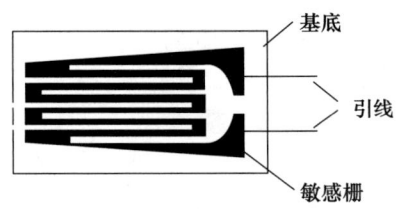
图2-16 箔式应变计

2. 电阻应变计的工作原理

电阻应变计的基本任务是把构件表面的变形量转变为电信号，输入相关的仪器仪表进行分析。将电阻应变计粘贴在被测构件表面，构件受力变形时，电阻应变计的敏感栅随之变形，电阻发生变化。敏感栅可以看成一根电阻丝，其材料性能和几何形状的改变会引起栅丝的阻值变化。现以栅状丝绕式电阻应变片为例介绍其原理：从该电阻丝中取出长为L、直径为d、横截面面积为A的一段，电阻值为$R=\dfrac{\rho L}{A}$（ρ为电阻系数，它与材料性质有关）。若将这段金属丝拉长（其直径也相应减小），则它的电阻值就发生变化。一方面长度增加了ΔL，另一方面电阻值增加了ΔR，实验和理论都已证明两者之间关系如下：

$$\frac{\Delta R}{R}=K\frac{\Delta L}{L}=K\varepsilon \qquad (2-1)$$

式（2-1）中，$\dfrac{\Delta L}{L}$是这段金属丝的拉伸应变ε。式（2-1）说明ε与$\dfrac{\Delta R}{R}$成正比。K为转换系数，也称灵敏度系数，它与金属丝材料的性质有关。若已知K和R，则只要用电学仪器测出ΔR，就可算出ε。

2.6.2 电阻应变仪的基本原理

电阻应变仪是将应变片引起的电阻变化量通过电桥转换成电压的变化量，经过放大电路后直接读出应变值的一种测量仪器。应变仪中有一个惠斯顿电桥，其中电阻应变片可充当桥臂电阻，电桥可将电阻应变片阻值的微小变化转换为电压的变化。电桥线路如图2-17所示，它以应变片或电阻元件作为桥臂，电桥上4个桥臂的电阻可选R_1、R_1和

R_2 或 $R_1 \sim R_4$ 均为应变片等几种形式。当为前两种形式时其余桥臂为无感标准电阻。A、C 两端为输入端，直流电压为 E，B、D 两端为输出端。应变电桥的输出端与应变仪中电子放大器的输入端相连，而放大器的输入阻抗一般很大，因此近似认为电桥输入端为开路。

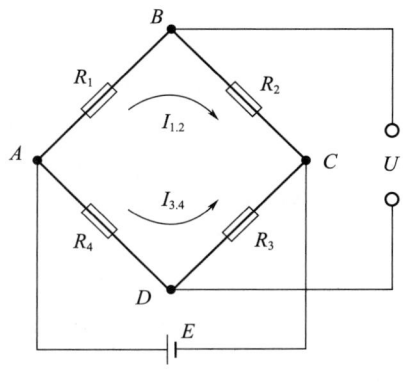

图 2-17 电桥线路

由电路可知，B、D 两端的输出电压 U 与电源电压 E 及各桥臂电阻的关系为

$$U = E \frac{R_1 R_3 - R_2 R_4}{(R_1 + R_2)(R_3 + R_4)} \tag{2-2}$$

当 $R_1 R_3 = R_2 R_4$ 时，$U=0$，此时电桥处于平衡状态，因此 $R_1 R_3 = R_2 R_4$ 称为电桥的平衡条件。在测量前使 $R_1 = R_2$、$R_3 = R_4$ 或 $R_1 = R_2 = R_3 = R_4$ 则满足平衡条件。此后如果各桥臂电阻分别有变化量 ΔR_1、ΔR_2、ΔR_3、ΔR_4，则电阻值由 R_1 变为 $R_1 + \Delta R_1$，其他电阻值变化以此类推。将它们代入式（2-2）可得电桥的输出电压为

$$U \approx \frac{E}{4} \left(\frac{\Delta R_1}{R_1} + \frac{\Delta R_2}{R_2} + \frac{\Delta R_3}{R_3} - \frac{\Delta R_4}{R_4} \right) \tag{2-3}$$

式（2-3）给出电桥的一个重要性质，即电桥的输出电压与相邻两桥臂的电阻变化率之差或相对两桥臂的电阻变化率之和成正比。如果相邻两桥臂的电阻变化率大小相等，符号相同，则电桥不会改变其平衡状态，即保持 $U=0$。如果电桥 4 个桥臂均接入相同的应变片，由式（2-1）与式（2-3）有

$$U = \frac{1}{4} KE (\varepsilon_1 - \varepsilon_2 + \varepsilon_3 - \varepsilon_4) \tag{2-4}$$

如果电桥有一个臂接入应变片（如 R_1 桥臂），其他桥臂为固定电阻，当应变片感受有应变 ε_1 时，则按式（2-4）有 $U = \dfrac{KE\varepsilon_1}{4}$，测定 U 值后就能算出 ε_1 的值。

由于应变测量时电阻变化率很小，因此电桥电压输出也很小，普通仪表难以检测出来，这就需要对电量的微小变化经过放大器放大后通过显示仪表显示。

国产 CM-1A-12 型静态数字电阻应变仪工作原理如图 2-18 所示。该仪器电桥采用单电桥，由电桥输出差分信号经过放大器放大后进入有源滤波器，对滤波后的信号通过 A/D 转换器来实现模拟量到数字量的转换（四位半数显）。实验采用两片应变片接成相邻的半桥进行测量，其中电桥 A、B 两点之间连接测量应变片，B、C 两点之间连接温

度补偿应变片。

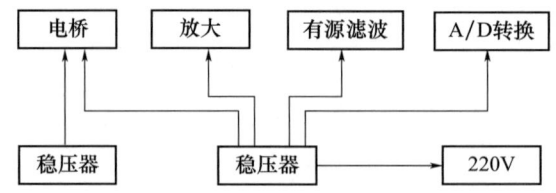

图 2-18　CM-1A-12 型静态电阻应变仪工作原理

温度补偿：在测量试件的应变时，如果环境温度发生变化，导致构件热胀冷缩，也将造成应变片的电阻变化，因而使测得的应变中包含有荷载和温度两部分引起的应变。为消除温度引起的应变，可采用温度补偿方法。

现以半桥接法为例说明温度补偿方法：设 R_1 为贴在试件上的应变片（称为工作片），再用一片与工作片 R_1 的阻值、灵敏度系数完全相同的应变片接为 R_2（温度补偿片）。将温度补偿片 R_2 贴在与试件材料相同的另一试件上，但不受力，并置于相同温度的环境中。当环境温度变化时，工作片产生的应变为 $\varepsilon_1=\varepsilon_{1F}+\varepsilon_{1t}$，其中 ε_{1F} 表示由荷载引起的应变，ε_{1t} 表示由温度变化引起的应变。温度补偿片 R_2 产生的应变为 $\varepsilon_2=\varepsilon_{2t}$，因 $\varepsilon_{1t}=\varepsilon_{2t}$、$\varepsilon_3=\varepsilon_4=0$，由式（2-4）有

$$U=\frac{KE(\varepsilon_1-\varepsilon_2+\varepsilon_3-\varepsilon_4)}{4}=\frac{KE\varepsilon_{1F}}{4}$$

这时由应变仪读出的数值就只代表荷载所引起的应变量而消除了温度变化的影响。

2.6.3　使用方法

CM-1L-24 型静态电阻应变仪具有人机对话功能，其键盘为矩阵式，具有数字键及功能键。数字键主要用于数据采集通道的切换及 K 值大小的设置，由数字（0~9）键以及"▲"增、"▼"减键组成。

功能键共包含 5 键，即 Shift 键、K（S）/测量键、总清/清零键、K（A）/巡检键、机号键。键盘的详细操作如下：

（1）切换测点：测点的切换要求在测量界面下完成，可通过两种方法实现。方法一：可通过数字键输入两位数来实现测点切换。例如，由键盘输入 02，则表头显示切换为第 2 测点应变。方法二：可通过按"▲"或"▼"键来查看各通道数据。

（2）K 值修正：当表头显示测量界面时，用户按 Shift＋K（S）/测量组合键将表头显示切换为 K 值修正界面，查看 K 值或对 K 值进行修正，即首先按 Shift 键，释放该键后再按 K（S）/测量键，进入 K 值修正界面，表头显示当前测点应变片 K 值。在完成上述步骤后，可由数字键的输入对当前 K 值进行修改。例如，当前 K 值为 2.000，若操作者输入 4 位数（如 1999），则表头 K 值指示修正为 1.999，完成对 K 值的设置并自动保存，也可以通过按"▲"或"▼"键来对某点进行查看和设置。

表头显示 K 值时只需按 K（S）/测量键，表头即可切换回测量界面显示应变值（应变值与 K 值显示最显著的差别是应变值无小数点，K 值显示是 2.000 左右的数值）。

若设置完 K 值返回测量界面，则只对当前测点 K 值修正，在设置完 K 值后，按 K

（A）/巡检键，则仪器所有测点的 K 值被修改为与当前测量点相同的 K 值并返回测量界面。

（3）总清/清零：按总清/清零键，对表头当前的测点进行清零；若该键与 Shift 键相组合，可实现总清功能，即先按 Shift 键，再按总清/清零键对各测点自动进行清零，然后返回原测点。

（4）巡检：按一次 K（A）/巡检键，对各测点自动循环测量一次，并显示测量数值。

2.7　测力仪

2.7.1　构造原理

测力仪是测量加在构件或试件上拉压力值大小的仪器，它的构造原理和应变仪相同，它的输入端和拉、压力传感器相连接。在圆柱体（筒）上贴上电阻应变片，沿受力轴向加载时电阻应变片阻值发生变化，利用和应变仪同样的原理可测出拉压力值大小，拉力时显示为正数，压力时显示为负数。

2.7.2　使用方法

1. 测力仪与传感器的连接

CL-2 型智能数字测力仪（图 2-19）后面板上装有一个 5 芯航空插头座，用于和应变式拉压力传感器的连接。

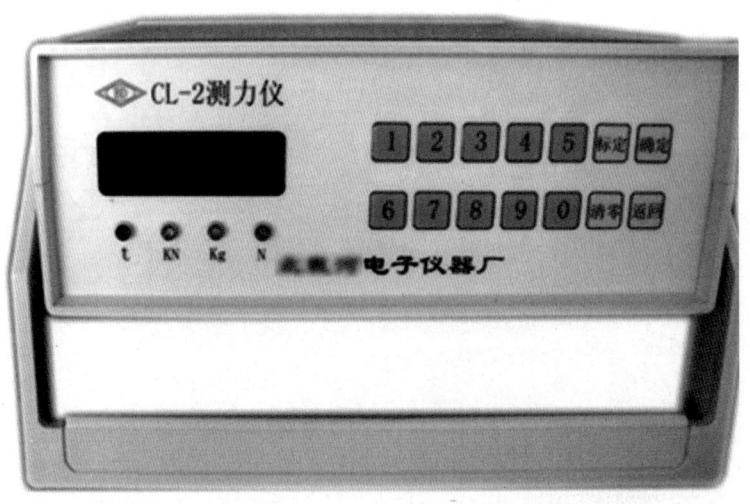

图 2-19　CL-2 型智能数字测力仪

2. 测力仪的标定

测力仪和传感器第一次配接使用时必须进行标定设置。

（1）传感器单位设置：按压前面板上的"标定"键，此时数字表左侧第一位显示 L，右侧 4 位显示整数值。在此状态下前面板上数字键 1~4 与单位指示灯 t、kN、kg、

N顺序对应，根据传感器的单位按压对应的数字键，面板上对应的单位指示灯点亮，按"确定"键，传感器单位设置完成。

（2）传感器满量程设置：传感器单位设置完成后，可输入传感器的满量程值，如果为300N，直接按数字键3、0、0即可，按"确定"键存入仪器芯片中，按"返回"键进入标定状态。

（3）传感器灵敏度设置：按压前面板上的"标定"键，此时数字表上显示带小数点的四位数。若传感器灵敏度为1.988mV/V，直接按数字键1988即可，按"确定"键存入仪器芯片后，按"返回"键进入测量状态，标定设置完成。

3. 测量

测力仪和传感器连好线后，操作方法很简单，对CL-2型智能数字测力仪，在荷载为零时，按"清零"键调零，表头显示值为0，测量即可开始。按实验方法加载即可，拉力指示为正值，压力指示为负值，但不能超出传感器的量程和实验最大值。

2.8　力和应变综合测试仪

XL2118B型力和应变综合测试仪是采用高精度24位A/D转换器、全新一代高性能ARM处理器、液晶显示、触摸屏操作等技术设计而成的一款仪器（图2-20）。该测试仪可同时配接各种不同类型的应变片及应变式传感器，对应变、位移、荷载、压力等多种物理量进行测试。测力部分能适配大多数力传感器，测量精度高；应变测量部分采用现代应变测试中常用的预读数自动桥路平衡的方法，加强学生对现代测试尤其是虚拟仪器测试的基本概念和使用方法的了解。

图2-20　XL2118B型力和应变综合测试仪

2.8.1 构造原理

XL2118B 型力和应变综合测试仪系统原理，如图 2-21 所示。应变测量时将应变计按接桥方式接到对应通道，可进行应变计灵敏系数设定、应变清零等操作。力测量时将力传感器由航空插头接至对应通道，可进行传感器灵敏系数设定、力清零等操作。

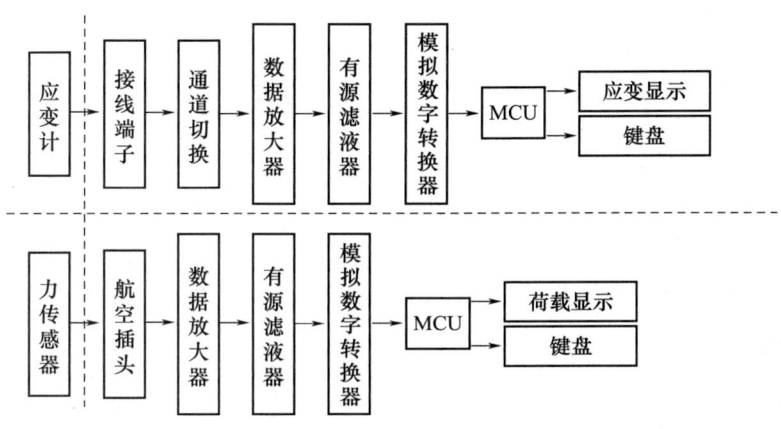

图 2-21 系统原理

电阻应变式传感器的工作原理是将应变变化转换为电阻变化，传感器是在弹性元件上粘贴电阻应变敏感元件构成。传感器作为被测物理量作用于弹性元件上，当弹性元件变形引起应变敏感元件的阻值变化时，通过转换电路将其转变成电量输出，电量变化的大小则反映了被测物理量的大小。目前常用的电阻应变式力传感器均采用全桥输出方式，桥路电阻大多采用 350Ω。

2.8.2 使用方法

1. 测力模块使用方法

在使用拉压力传感器时，先将传感器根据测试要求放置固定好，再将电缆线与传感器和测试仪连接好，注意保护好连接导线以免在测试过程中损坏电缆线。根据传感器厂家提供的传感器参数，在测试仪上正确设置传感器的参数（传感器的单位、满量程、输出灵敏度）。正式测试前要检测传感器输出信号是否符合实验要求（有正负方向要求时）。

四线制传感器输出电缆线定义（图 2-22）：激励（＋）、激励（－）、信号（＋）、信号（－）；六线制传感器输出电缆线定义（图 2-23）：激励（＋）、反馈（＋）、激励（－）、反馈（－）、信号（＋）、信号（－）。当四线制传感器与测试仪连接时，如采用专用航空插头，只需将传感器引出线按照测试仪配套的航空插头管脚定义对应焊好即可；当使用六线制传感器时，首先要将正负反馈线与正负激励线绞合在一起后进行焊接。如果测试仪采用的是专用接线端子，只需将传感器连接导线直接拧到接线端子的对应点上即可。

测力模块标定后即可进行拉压力测量，测量前确认力传感器处于零荷载状态，并按"清零"键将显示荷载清零。

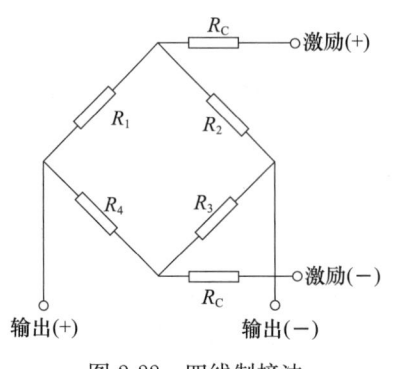

图 2-22 四线制接法

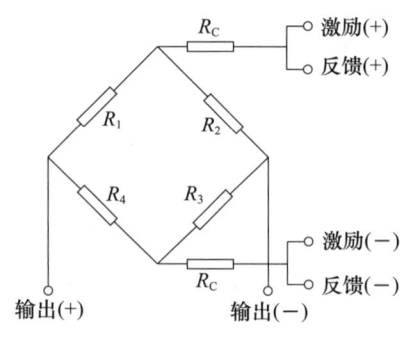

图 2-23 六线制接法

2. 应变模块使用方法

应变测量由主机测点和补偿端（公共补偿）配合完成。在实际测试过程中，可根据测试要求选择不同桥路进行测试，如 1/4 桥（单臂）、半桥、全桥和混合组桥等（图 2-24）。

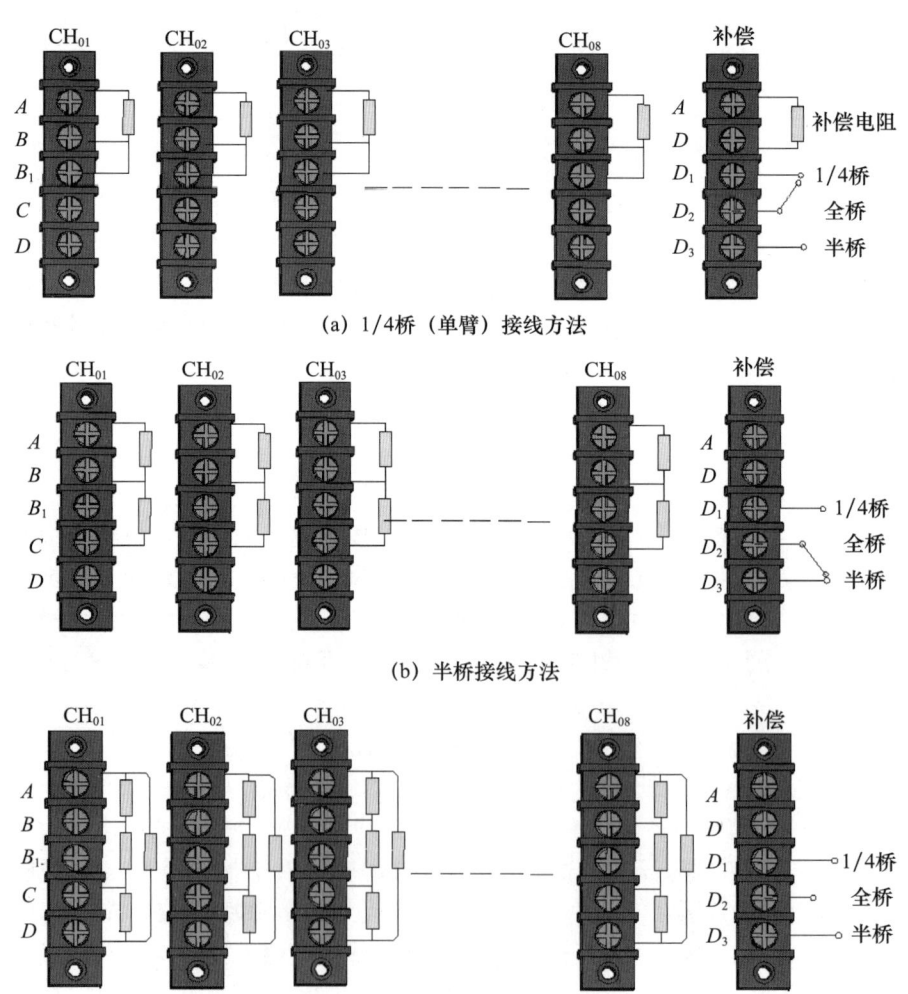

(a) 1/4 桥（单臂）接线方法

(b) 半桥接线方法

(c) 全桥接线方法

图 2-24 桥路接线方法

仪器每个测点上除了标有组桥必需的 A、B、C、D 四个测点外，还设计了一个辅助测点 B_1，该测点只有在 1/4 桥（单臂）时使用，在组接 1/4 桥路（单臂）时，必须将 B 和 B_1 测点之间用短路片短接；在组接半桥或全桥时必须断开 B 和 B_1 测点之间的短路片。

具体使用方法如下：

（1）准备工作。

根据测试要求，选择合适的桥路接线方式，尽量选择半桥或全桥接线方式进行测量，可提高测试灵敏度及实现测量点之间的温度补偿。

（2）接线。

测试仪接线部分如图 2-20 面板所示，这些端子由 16 个测量通道接线端子（接测量片）和一个公共补偿接线端子组成。

各测点中接线端子 A、B、C、D 定义参考图 2-25 电桥原理示意图。B_1 为测量电桥的辅助接线端，以实现 1/4 桥测量时的稳定测量，半桥、全桥测量时不使用 B_1 端。1/4 桥测量时需连接 B 和 B_1 端，为方便使用，已配有短接片。

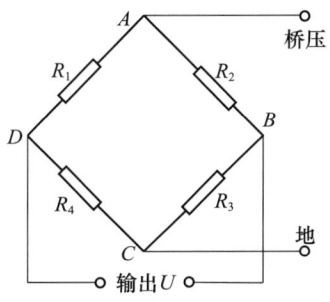

图 2-25 电桥原理示意图

（3）组桥方法。

XL2118B 型力和应变综合测试仪主机由 16 个测点组成，可接成 1/4 桥、半桥、全桥。具体接法如图 2-24 所示。

（4）测量参数设置。

XL2118B 型力和应变综合测试仪为用户提供了三种工作模式，分别为通用模式、高速模式和计算机控制模式。

初次使用仪器时应先根据所测物理量进行参数设置，在通用模式功能选择界面单击"参数设置"按钮进入参数设置界面（图 2-26）。

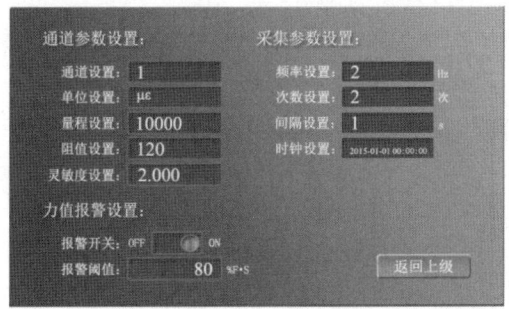

图 2-26 参数设置界面

① 通道参数设置如下：

通道设置：输入任意通道号对该通道进行设置参数，或输入 99 统一设置参数。

单位设置：根据测量需要选择单位。

量程设置：当用户使用"$\mu\varepsilon$"作为单位时，仪器默认应变测量范围为 $0\sim\pm38000\mu\varepsilon$；当用户使用其他单位时，量程设置范围为 $1\sim99999$（设置的量程均为整数）。

阻值设置：接线方式为 1/4 桥（单臂）时，根据所测应变片值选择相应的阻值；选择其他测量方式时阻值必须选择 120。

灵敏度设置：使用应变片时，应变片的灵敏度设定范围为 $1.000\sim9.999$；使用传感器时，输入传感器的应变灵敏度，输入范围为 $10\sim9999$（$\mu\varepsilon/F\cdot S$）。需要注意的是，当应变式传感器灵敏度单位为 mV/V 时，需将灵敏度转换为应变灵敏度。转换系数为 2000。计算公式为

$$应变灵敏度 = 应变式传感器灵敏度（mV/V）\times 2000$$

② 采集参数设置如下：

频率设置：通用模式 0.8Hz、2Hz、5Hz，高速模式 10Hz～2kHz，可根据具体使用需求选择。

次数设置：采集次数可设置为 1～1500 次。

间隔设置：用于监测采集，即每达到设置时间采集一次数据。

根据实际测试需求接好桥路后，打开电源并预热 20min。如果实验环境、被测对象及测试方法均未改变，则可以直接进行实验，无须进行测量参数设置。这是因为上次实验设置的数据已被测试仪存储在系统内部。

（5）测量。

① 将测试仪预热 20min，应变测量系数设定确认无误后即可进行测试。在测量状态下，功能按键定义如下：

系数设定键：按压该键后进入应变片灵敏系数修正状态，灵敏系数设定后自动保存，下次开机实验时仍有效。

自动平衡键：对测试仪全部测点进行自动平衡，从第 1 号测点到 16 号测点进行全部测点的桥路自动平衡。平衡完毕后返回手动测量状态。

② 预调平衡：按压"自动平衡"键，系统自动对 CH1～CH16 全部应变测点按预读数法自动平衡，平衡完毕后返回测量状态。

③ 测力模块清零：在力传感器不受荷载作用的情况下，按下测力模块的"清零"键，可对力传感器测试通道进行清零操作。

④ 完成应变测量模块的预调平衡和测力模块的清零操作后，即可进行实验测试。若应变测量某通道或测力模块的 LED（发光二极管）屏显示"——"时，表示该通道输入过载或平衡失败，需检查应变片或接线是否正常。

2.9 千分表

在力学实验中，千分表常被用来测量试件或构件的位移或变形。机械式千分表的构造如图 2-27 所示。其工作原理如下：将表身安装在固定的表架上，顶杆的触头抵在被

测物体上，当被测物体沿顶杆方向移动时，顶杆随之一起移动，顶杆上面的平齿带动小齿轮转动，小齿轮又与和它同轴的大齿轮一起转动，最后使指针齿轮和指针旋转，经过这一系列的放大后，便在表盘上指示出位移的大小。千分表长指针转一格表示顶杆移动了 0.001mm，短指针转一格表示长指针转两圈，即 200 格。由于最小分度是 0.001mm，故称为千分表，其放大倍数 $K=1000$。实测时当顶杆与被测物体接触好后，可以转动表盘使长指针对准零位。使用千分表时应注意如下事项：

（1）使用时只能拿取外表壳，不得任意推动顶杆，避免磨损机件，影响千分表的灵敏度。

（2）安装时，要使顶杆与欲测的位移方向一致，并注意正、反方向和量程大小。

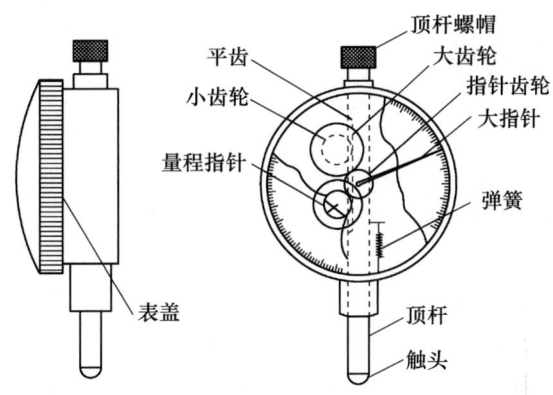

图 2-27　机械式千分表的构造

3 材料力学性能实验

材料在外力作用下表现出的变形和破坏等方面的特征，称为材料的力学性能。为了使测试的力学性能具有可比性和通用性，通常要根据国家标准对不同材料制成的标准试件，在试验机上进行测试得到相应力学参数。

3.1 金属材料拉伸实验

3.1.1 实验目的

（1）测定低碳钢拉伸时的屈服极限 R_{eL}、强度极限 R_m、延伸率 A 和截面收缩率 Z；绘制 F—ΔL 曲线。
（2）观察低碳钢拉伸过程中的弹性、屈服、强化、颈缩、断裂等现象。
（3）测定铸铁的强度极限 R_m。
（4）比较低碳钢和铸铁的拉伸力学性能。

3.1.2 实验设备

（1）电子万能试验机。
（2）带表卡尺。

3.1.3 实验试件

进行拉伸实验时，为了确保试件轴向受力，同时为了减小试件形状尺寸对实验结果的影响，国家标准《金属材料 拉伸实验 第1部分：室温实验方法》（GB/T 228.1—2021）对实验做了规定。

材料应加工成标准拉伸试件，由平行长度、过渡部分和夹持部分组成（图3-1）。国家标准《金属材料 拉伸实验 第1部分：室温实验方法》（GB/T 228.1—2021）规定拉伸试件分为比例试件和非比例试件，比例试件的原始标距 L_0 和横截面面积 S_0 应满足如下关系：

$$L_0 = k\sqrt{S_0}$$

式中，k 为比例系数。

k 取 5.56 或 11.3，前者称短试件，后者称长试件。国际上使用的比例系数为 $k=5.56$，且原始标距 $L_0 \geqslant 15\text{mm}$。对材料力学实验中经常使用的圆形横截面试件，$L_0=5d_0$ 为短试件，$L_0=10d_0$ 为长试件，d_0 为横截面直径。

对圆形横截面试件的平行长度 L_c 的规定为 $L_c \geqslant L_0+d_0/2$，仲裁实验时，$L_c \geqslant L_0+2d_0$，除非材料尺寸不够。对其他形状试件，$L_c=L_0+1.5\sqrt{S_0}$，仲裁实验时，$L_c=L_0+$

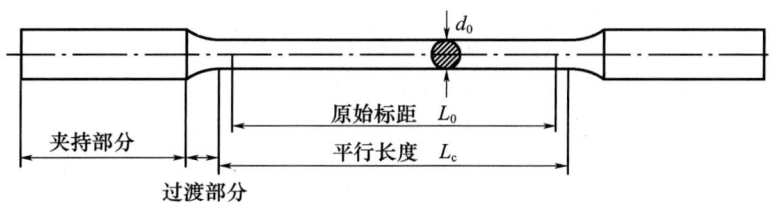

图 3-1 标准拉伸试件

$2\sqrt{S_0}$，除非材料尺寸不够。

对平行长度和夹持部分之间的过渡部分，规定应为圆弧形，过渡弧半径 r 应为：圆形横截面试件不小于 $0.75d_0$，其他形状试件不小于 12mm。

3.1.4 实验原理

单向拉伸实验是研究材料机械性能最基本、应用最广泛的实验。由实验提供的 E、R_{eL}、R_m、A 和 Z 等指标是评定材质、进行强度和刚度设计的重要依据。以拉力 F 为纵坐标、伸长量 ΔL 为横坐标所绘出的实验曲线图形称为拉伸曲线，即 $F-\Delta L$ 曲线。由低碳钢拉伸曲线（图 3-2）可明显地看到四个阶段。

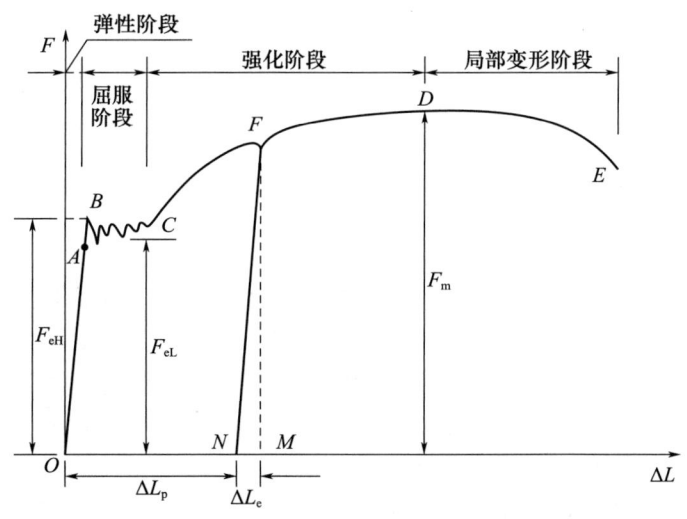

图 3-2 低碳钢拉伸曲线

弹性阶段（OA 段）：在此阶段若卸载，曲线将沿原路返回到 O 点，变形完全消失，即弹性变形是可恢复的变形。特别是在 OA 段，拉力 F 和变形 ΔL 成正比关系。

屈服阶段（AC 段）：实验进行到 B 点以后，在试件继续变形情况下，拉力 F 不再增加或呈下降，甚至反复多次上升和下降，使曲线呈锯齿波形；若试件加工表面粗糙度较好，可看到 45°倾斜的滑移线。这种现象称为屈服，其特征值屈服极限表征材料抵抗永久变形的能力，是材料重要的力学性能指标。

低碳钢在拉伸时的屈服力 F_s、上屈服力 F_{eH}、下屈服力 F_{eL}，对应的确定方法如下。在屈服阶段，若荷载是恒定的［图 3-3（c）］，则此时的力称屈服力 F_s；若荷载下降或波动，则称首次下降前的最大力为上屈服力 F_{eH}［图 3-3（a）、图 3-3（b）、图 3-3

(d)]；第一个波谷后的最小力称为下屈服力 F_{eL}。第一个波谷不仅是材料屈服的结果，而且受实验系统和记录系统的惯性守恒影响，称为"初始瞬时效应"，与加载速度等因素有关，故不计在内。若只有一次下降波动，则规定波动的最小力为下屈服力 F_{eL}。本实验测定低碳钢的屈服力 F_s 或下屈服力 F_{eL}。

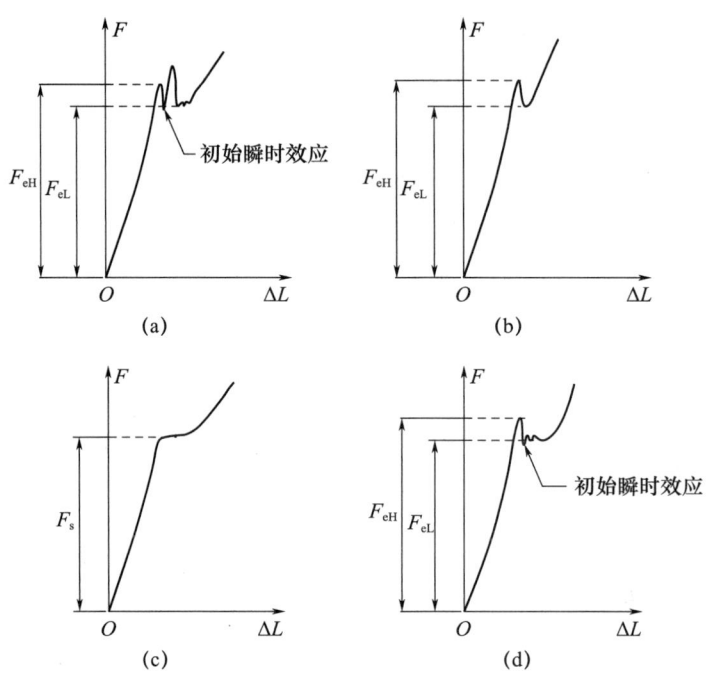

图 3-3 屈服极限的几种类型

强化阶段（CD 段）：过了屈服阶段（C 点）后，力又开始增加，曲线亦趋上升，说明材料结构组织发生了变化，得到强化，需要增加荷载才能使材料继续变形。随着荷载的增加，曲线斜率逐渐减小，直到 D 点，到达峰值，该点为抗拉极限荷载，即试件能承受的最大荷载。此阶段（CD 段）称为强化阶段，若在强化阶段某点（图 3-2 中的 F 点）卸载，可以看到与 OB 近似平行的直线（FN）降到 N 点，若再加载，它又沿原直线（NF）上升到 F 点，说明亦为线弹性关系，只是比原弹性阶段提高了。F 点的变形可以分为两部分，即可恢复的弹性变形（NM 段）和永久的塑性变形（ON 段）。这种在室温下冷拉过屈服阶段后呈现的性质称冷作硬化，在工程中常作为一种工艺手段，以提高金属材料的线弹性范围，但此工艺亦同时削弱了材料的塑性。

局部变形阶段（DE 段）：当试件到达最大荷载 F_m 后，力值开始减小，塑性变形开始在局部进行。局部截面急剧收缩，承载面积迅速减少，试件承受的荷载快速下降，直至断裂。低碳钢断裂时有很大的塑性变形，断口为杯状，周边为 45° 的剪切唇，断口组织为暗灰色纤维状，因此是一种典型的韧状断口，如图 3-4（a）所示。

铸铁是典型的脆性材料，没有屈服阶段和颈缩现象，在变形很小的情况下突然发生脆断。铸铁断口与正应力方向垂直，断面平齐为闪光的结晶状组织，如图 3-4（b）所示，是一种典型的脆状断口。

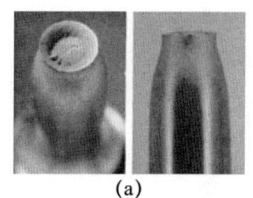

图 3-4 典型材料的拉伸破坏断口

3.1.5 实验步骤

(1) 实验前准备。

① 检查量具可靠性。

首先将带表卡尺合尺归零,观察表盘指针是否位于零位,如不在零位,则需拧动表盘归零。将带表卡尺拉开,然后合尺归零并观察指针回退情况。重复三次上述操作,如果指针均可回退至零位,表示带表卡尺工作状态良好。如果无法回退至零位,表示卡尺故障,更换卡尺后继续检查直至合格。

② 检查万能试验机。

打开计算机,双击试验机程序打开控制界面,单击控制界面"联机"按钮,试验机伺服器按钮指示灯为绿色时连接成功;观察控制界面各通道示数是否有轻微跳动,如有轻微跳动,则表示各传感器连接正常。操作手动控制盒上、下移动中横梁,观察中横梁移动情况。正常状态下中横梁可随手动控制盒控制上、下移动。

(2) 实验流程。

① 测量试件初始尺寸。

选定试件标距内两端及中部三个横截面,每一横截面用带表卡尺先测量一次直径,然后将试件旋转 90°再测量一次直径,将测量结果填入表中,取三者平均截面面积作为初始横截面面积 S_0。

② 标记画线。

用划线器在试件工作段每隔 10mm 划定标记线,直至将试件工作段全部划满,并规定初始长度 L_0。

③ 试件夹持。

旋转夹具把手,打开上、下夹具至最大。将试件放入下夹具菱形夹槽中,然后调整中横梁至试件上部距离上夹具 3~5cm 处,如图 3-5 (a) 所示。

保持下部夹持端部分位于下夹槽,上部通入上夹槽 2/3 以上深度,旋转上夹具把手夹紧试件。然后用手动控制盒微调中横梁向上运动,待下夹具位置合适时停止,旋转下夹头把手夹紧试件。最终夹持状态如图 3-5 (b) 所示。

④ 选择实验方法。

单击"方法选择"按钮,选择低碳钢拉伸实验方法。

⑤ 通道清零。

⑥ 启动实验。

单击操作界面的"开始"按钮开始实验,注意观察各通道的示数变化以及曲线的绘

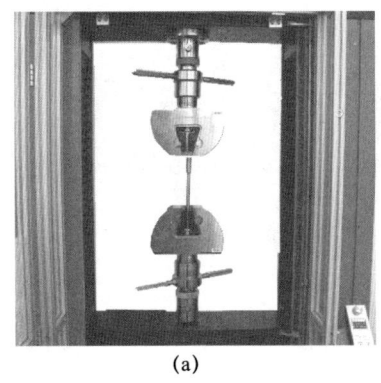
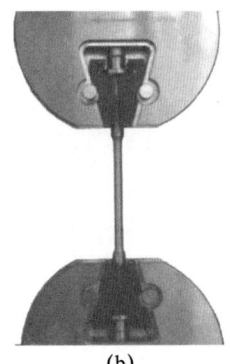

(a) (b)

图 3-5 试件夹持

(a) 调整中横梁位置；(b) 夹持完成

制情况。如有异常，立即单击"停止"按钮结束实验，然后进行故障排除。

⑦ 观察曲线绘制及试件变化情况。

⑧ 实验结束。

待试件拉断后，仪器一般会自动停止加载。如果未停止加载，单击"停止"按键手动结束实验。然后分别旋转上、下夹具的旋转把手，打开夹具，取出断后试件。恢复仪器至初始位置，进入下一个环节。

(3) 数据后处理

① 力学参数提取。

通过"曲线遍历"功能在计算机绘制的 $F—\Delta L$ 曲线上提取对应的下屈服荷载 F_{eL}、极限荷载 F_m。

② 断口直径测量。

将断后试件拼合，用带表卡尺刃口部分卡住颈缩部分最细处进行一次直径测量，然后将试件整体旋转 90°再进行一次直径测量，记录两次直径测量数据，取其平均值作为断口直径计算断口横截面面积 S_u。

③ 断后标距测量。

将断后试件拼合起来，用带表卡尺刃口部分量取规定标距段内的断后标距 L_u。

3.1.6 实验结果处理

低碳钢下屈服强度：

$$R_{eL} = \frac{F_{eL}}{S_0}$$

低碳钢抗拉强度：

$$R_m = \frac{F_m}{S_0}$$

低碳钢断后伸长率：

$$A = \frac{L_u - L_0}{L_0} \times 100\%$$

低碳断面收缩率：

$$Z = \frac{S_0 - S_u}{S_0} \times 100\%$$

铸铁抗拉强度：

$$R_m = \frac{F_m}{S_0}$$

3.2 金属材料压缩实验

3.2.1 实验目的

(1) 测定铸铁的压缩强度极限 R_{mc}；绘制 $F-\Delta L$ 曲线。
(2) 测定低碳钢的压缩下屈服强度 R_{eLc}。
(3) 观察试件压缩时的变形和破坏现象。
(4) 比较低碳钢和铸铁的压缩力学性能。

3.2.2 实验设备

(1) 电子万能试验机。
(2) 带表卡尺。

3.2.3 实验试件

金属材料压缩试件一般采用圆柱形（图 3-6），受压时它的两端面与试验机承垫之间产生很大的摩擦力（图 3-7），使试件两端面的横向变形受到了限制，如低碳钢压缩后试件呈鼓状。摩擦力的存在将影响试件的抗压能力，影响程度与试件的尺寸 h/d 的比值有关。例如，这一比值增大时，摩擦力对试件中部抗压能力的影响将减小，但过于细长时又容易产生弯曲。由此可见，压缩实验是有条件的。在相同条件下才能对不同材料的压缩性能进行比较。对金属材料压缩试件的尺寸一般规定为 $h = (1\sim3)d$，试件加工时，端面必须严格保持平行，并与轴线垂直，两端面还应制作得很光滑，以减小摩擦力的影响。

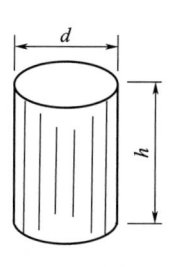

图 3-6 压缩试件

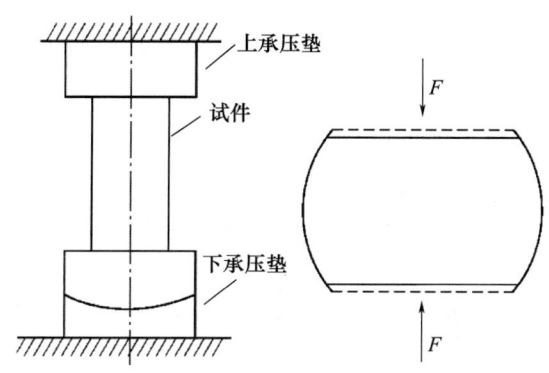

图 3-7 压缩实验时的球形承垫及端面摩擦力

3.2.4 实验原理

压缩实验是研究材料机械性能常用的实验方法，对铸铁、铸造合金等脆性材料尤为适合。试件通过试验机球形承压垫轴向受力。

低碳钢在压缩过程中，在比例极限范围内，压力和变形呈线性关系。当材料发生屈服时，压力值增加速度将减慢，出现瞬间停滞或略微下降的现象。此时的 $F—\Delta L$ 曲线可能出现如图 3-8 所示的三种情况之一。若荷载是恒定的 [图 3-8（a）]，则此时恒定的荷载为屈服荷载 F_{eLc}；若荷载出现一个波峰、波谷 [图 3-8（b）]，则最小值为屈服荷载 F_{eLc}；若荷载出现多个波峰、波谷 [图 3-8（c）]，则取第一个波谷之后的最小值为屈服荷载 F_{eLc}。低碳钢压缩屈服阶段并不像拉伸屈服阶段那样明显。因此在测定屈服荷载 F_{eLc} 时，不但加载速度要缓慢、均匀，而且要特别仔细观察。过了屈服阶段后材料进入强化阶段，由于低碳钢为塑性材料，随着压力的增大，横截面面积也在增大，最后压成饼状而不破裂，所以无法测出最大荷载或强度极限。

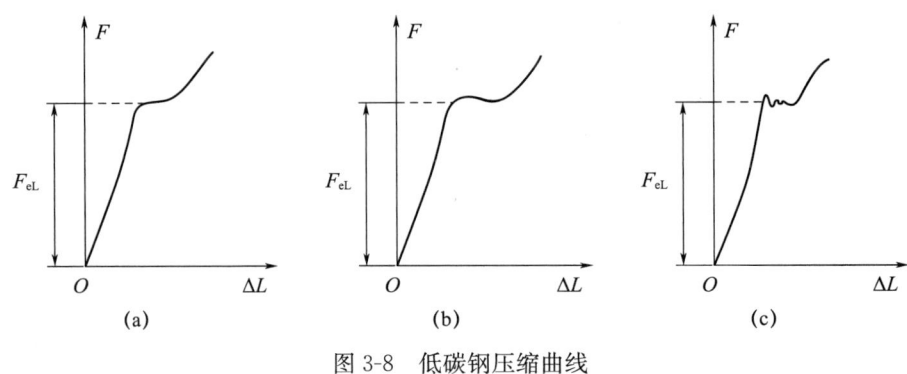

图 3-8 低碳钢压缩曲线

铸铁受压时的机械性能与拉伸时有明显的差别。其压缩变形曲线如图 3-9 所示，压缩时的变形能力和强度较拉伸时大很多，破坏时有较明显的塑性变形，且沿 45°～55°的斜截面先达到剪力极限而破坏。现分析如下：铸铁压缩时沿 $K—K$ 截面破坏，假定它的剪断面如图 3-10 所示。

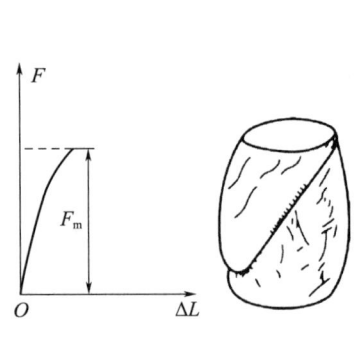

图 3-9 铸铁压缩曲线及破坏形状

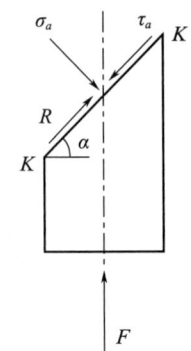

图 3-10 斜截面应力分布

斜截面上的正应力 σ_a 是均匀分布在该剪断面上的法向应力，因为试件受压时沿剪断面有相对错动趋势。所以可设想在 σ_α 作用下，沿剪断面存在摩擦应力 R，这是材料内部的摩擦，摩擦因数为 $f=\tan\theta$（θ 为摩擦角）。摩擦应力 R 的方向与剪应力 τ_α 的方向相反，其大小为

$$R=f\sigma_\alpha=\sigma_0\cos^2\alpha \cdot \tan\theta$$

所以沿剪切面的应力总和为

$$\tau_\alpha-R=\frac{1}{2}\sigma_0\sin2\alpha-\sigma_0\cos^2\alpha\tan\theta$$

在所有不同的 α 的斜截面上，剪断面 $K-K$ 上应力（$\sigma_\alpha-R$）应为极大，即对 $\frac{1}{2}\sigma_0\sin2\alpha-\sigma_0\cos^2\alpha \cdot \tan\theta$ 求导数，令其等于零：

$$\frac{\mathrm{d}}{\mathrm{d}\alpha}\left(\frac{1}{2}\sigma_0\sin2\alpha-\sigma_0\cos^2\alpha \cdot \tan\theta\right)=\sigma_0\cos2\alpha+\sigma_0\sin2\alpha \cdot \tan\theta=0$$

所以

$$\cos2\alpha+\sin2\alpha \cdot \tan\theta$$
$$=\cos2\alpha\ (1+\tan2\alpha \cdot \tan\theta)$$
$$=\cos2\alpha \cdot \frac{\tan2\alpha-\tan\theta}{\tan(2\alpha-\theta)}$$
$$=\frac{\sin2\alpha-\cos2\alpha \cdot \tan\theta}{\tan(2\alpha-\theta)}$$
$$=0$$

如果 $\sin2\alpha-\cos2\alpha \cdot \tan\theta=0$，则 $\tan2\alpha=\tan\theta$，所以 $2\alpha=\theta$；但若 $2\alpha=\theta$，那么分母 $\tan(2\alpha-\theta)=0$，则上式成 $\frac{0}{0}$ 而为不定式。所以只能分母 $\tan(2\alpha-\theta)=\infty$，故 $2\alpha-\theta=90°$，$\alpha=45°\pm\frac{\theta}{2}$。这就说明铸铁压缩时的破坏面是剪断面，并与试件横截面成 $45°\sim55°$ 角。

3.2.5 实验步骤（低碳钢）

（1）实验前准备。
① 检查量具可靠性。
② 检查万能试验机。
（2）实验流程。
① 测量试件初始尺寸。
选定试件中间部分进行直径测量，用带表卡尺先测量一次直径，然后将试件旋转 $90°$，再测量一次直径。沿试件中轴线位置测量试件高度。
② 放置试件。
将试件放置在下压盘中心位置处。
③ 调整机位。
如果上压头距离试件较远，可通过手动控制盒移动中横梁靠近，直至达到临界位置，即上压头与试件上部约 1mm，此时上压头与试件之间并未接触，但是在实验开始

之后能够短时间内产生接触。

④ 选择实验方法。

单击方法选择按钮，选择"低碳钢压缩实验方法"。

⑤ 通道清零。

单击除速度通道以外的其他通道"清零"按钮，初始化传感器示数。

⑥ 启动实验。

单击操作界面的"开始"按钮开始实验，注意观察各通道的示数变化以及曲线的绘制情况，如有异常，立即单击"停止"按钮结束实验。

⑦ 观察曲线绘制及试件变化情况。

⑧ 实验结束。

由于低碳钢压缩试件无法压坏，因此在实验荷载达到 60kN 左右时单击"停止"按钮手动停止实验。确认试验机停止加载后，通过手控盒"▲"按钮调整横梁位置，待机位空间足够后取出试件。

（3）数据后处理。

① 力学参数提取。

通过"曲线遍历"功能在计算机绘制的 $F—\Delta L$ 曲线上提取对应的下屈服荷载 F_{eLc}。

② 直径测量。

在试件最鼓起处进行直径测量，用带表卡尺刃口部分卡住鼓起部分进行一次直径测量，然后将试件整体旋转 90°再进行一次直径测量，记录两次直径测量数据，取其平均值作为实验后直径。

③ 高度测量。

用带表卡尺刃口部分沿试件中轴线高度方向卡住试件轴线测量实验后高度。

④ 数据计算。

⑤ 绘制 $F—\Delta L$ 曲线。

3.2.6 实验步骤（铸铁）

铸铁压缩实验与低碳钢压缩实验流程基本一致，区别点在于实验方法选择时选取"铸铁压缩实验方法"。此外铸铁试件在达到强度极限后会出现剪切破坏线，此时曲线会出现下降趋势，因此在曲线下降至最大值 80% 左右的时候单击"停止"按键结束实验。其余测量流程与低碳钢测量流程相同。

3.2.7 实验结果处理

低碳钢压缩屈服强度：

$$R_{eLc} = \frac{F_{eLc}}{S_0}$$

铸铁压缩抗压强度：

$$R_{mc} = \frac{F_{mc}}{S_0}$$

3.3 低碳钢拉伸弹性模量测定实验

3.3.1 实验目的

(1) 测定低碳钢的弹性模量 E。
(2) 验证胡克定律。

3.3.2 实验设备

(1) 电子万能试验机。
(2) 带表卡尺。
(3) 电子引伸计。

3.3.3 实验原理

单向拉伸时，低碳钢在比例极限范围内服从胡克定律，应力 σ 和应变 ε 成正比关系，即 $\sigma=E\times\varepsilon$，比例系数 E 称弹性模量。在 σ-ε 曲线上，E 是比例极限范围内直线的斜率，代表材料抵抗弹性变形的能力。E 是弹性元件选材的重要依据，是力学计算的重要参量。

测量时，由于在实验初始阶段多种因素造成的误差较大，因此实验宜从初荷载 F_0 ($F_0\neq0$) 开始。与 F_0 对应的引伸计读数可预调到零，也可设定为某一初读数，实验荷载采用增量法，试件分四到五级加载，每级拉力增量为 ΔF，则引伸计测出相应的伸长增量为 $\Delta\delta$，若各次测得的伸长增量基本上相等，则验证了胡克定律。将所测得变形增量的平均值 $\overline{\Delta\delta}$ 代入下面公式，即可计算出弹性模量 E 值：

$$E=\frac{\Delta F\times L_0}{A_0\times\overline{\Delta\delta}}$$

3.3.4 实验步骤

(1) 实验前准备。
① 检查量具可靠性。
② 检查电子万能试验机状态。
③ 检查电子引伸计状态。

拔掉电子引伸计定位销，稍微张开两刃口，增大其间距，观察对应的变形通道数值示数变化情况。如果示数增大且与间距变化大致相符，则表示工作正常；如果示数无变化或变化值明显不符合两刃口间距变化，则需检查通道连接情况或更换电子引伸计。

(2) 实验流程。
① 测量试件初始尺寸。
② 选择加载方案，根据低碳钢材料的比例极限，估算出最大弹性荷载，确定增量荷载 ΔF (本实验中采用 Q235 低碳钢拉伸标准试件，一般取 2kN)。
③ 夹装试件。

④ 夹装电子引伸计。

按 2.5.2 节方法将电子引伸计安装在试件上。

⑤ 选择实验方法。

单击方法选择按钮，选择"低碳钢弹性模量测定实验方法"。

⑥ 通道清零，拔掉电子引伸计定位销后将除速度以外的所有通道清零。

⑦ 启动实验。

单击操作界面的"开始"按钮开始实验，注意观察各通道的示数变化以及曲线的绘制情况，如有异常，立即单击"停止"按钮结束实验。

⑧ 观察曲线记录每级荷载对应的变形值。

在本实验中采用标准低碳钢拉伸试件时，建议在线弹性阶段至少取五级加载，每隔 ΔF 记录一次对应的荷载与变形值。

⑨ 摘除电子引伸计。

待所有加载级数数据都记录完毕后，单击试验机上"摘除引伸计"按钮，停止变形通道数据采集，然后摘除引伸计，插上定位销后将电子引伸计收纳。

⑩ 实验结束。

继续等待试件拉断后单击"停止"按钮，退下试件，整理仪器，实验结束。

3.3.5 实验结果处理

将荷载和电子引伸计读数准确记录在表 3-1 中。

表 3-1 拉伸弹性模量 E 测试记录

试验机数据（kN）		引伸计数据（mm）		弹性模量 E（MPa）
荷载	荷载增量 ΔF	变形 δ	变形增量 $\Delta \delta$	
				$E = \dfrac{\Delta \overline{F} \times L_0}{A_0 \times \Delta \overline{\delta}}$
荷载增量平均值 $\Delta \overline{F}=$		变形增量平均值 $\Delta \overline{\delta}=$		

注：A_0 是实验前试件的平均横截面面积；L_0 是电子引伸计标距长度。

3.4 金属材料扭转实验

金属材料扭转时的力学性能对受扭矩作用的构件设计十分重要，用圆柱形试件做扭转实验时，试件表面处于纯剪切应力状态，如图 3-11 所示。其最大切应力和正应力绝对值相等，夹角为 45°，因此扭转实验可以明显地区别材料的断裂方式是拉伸破坏还是剪切破坏。扭转时由于表面的应力和应变最大，可用扭转实验检验材料的表面缺陷，如表面淬火微裂纹等。

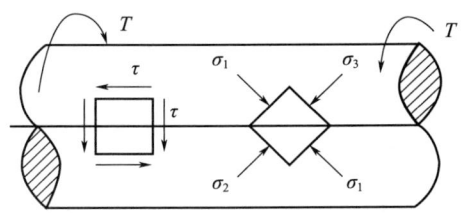

图 3-11 圆轴受扭表面应力状态

3.4.1 实验目的

（1）测定低碳钢的抗扭屈服强度 τ_{eL}、抗扭强度 τ_m。
（2）测定铸铁的抗扭强度 τ_m。
（3）观察低碳钢和铸铁在受扭过程中的变形现象和破坏形式，分析破坏原因，并绘制 $T\text{-}\Delta\varphi$ 曲线。

3.4.2 实验设备

（1）扭转试验机。
（2）带表卡尺。

3.4.3 实验原理

将试件两夹持段夹持在扭转试验机夹具上，实验时，一个夹具固定不转，另一个夹具绕轴转动，从而对试件施加扭矩和扭转变形，从试验机上可读得所需的扭矩和扭转角。铸铁扭转曲线如图 3-12 所示，低碳钢扭转曲线如图 3-13 所示。

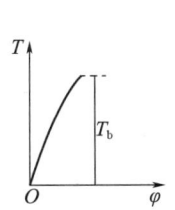
图 3-12 铸铁扭转曲线

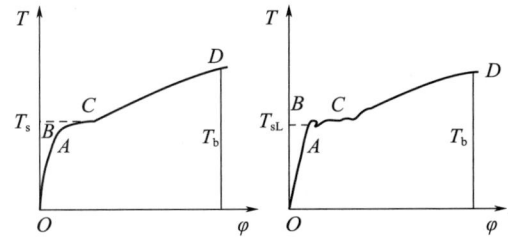
图 3-13 低碳钢扭转曲线

低碳钢试件在受扭的最初阶段，扭矩 T 和扭转角成正比关系，试件横截面的切应力呈线性分布，如图 3-14 所示。边缘处切应力最大，在圆心处切应力为零，当材料进入屈服阶段时扭矩突然下降，此后扭矩以较小的幅度波动，试件继续变形，屈服从试件表层逐渐向轴心部扩展。试件横截面上切应力的分布不再是线性的（图 3-14），即在试件外部区域，材料发生屈服形成环形塑性区。随着扭转变形的增加，塑性区不断向圆心扩展，直至整个横截面全部达到屈服切应力为止，即屈服结束。在屈服过程中，若扭矩上、下波动时取最小值为下屈服扭矩 T_{eL}。过了屈服阶段（C 点）后，材料进入强化阶段，随着扭矩的增加，产生较大的塑性变形。当扭矩达到最大值 T_m（图 3-13 中的 D 点）时，试件发生剪切破坏，其破坏断口如图 3-15 所示。根据国家标准《金属材料室温扭转实验方法》（GB/T 10128—2007）规定，扭转下屈服强度 $\tau_{eL}=\dfrac{T_{eL}}{W_t}$；抗扭强度 $\tau_m=\dfrac{T_m}{W_t}$。其中 $W_t=\dfrac{\pi d^3}{16}$，为试件的扭转截面系数。

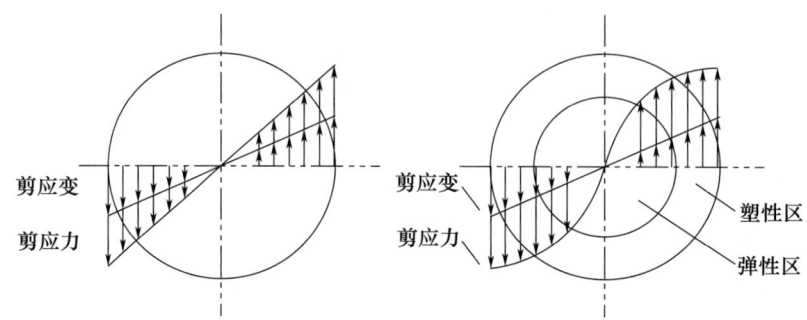

图 3-14　低碳钢圆试件在不同扭矩下的切应力分布

铸铁试件受扭时，在变形很小的情况下突然发生破坏，其 $T\text{-}\varphi$ 曲线如图 3-12 所示，呈非线性。试件断裂时的扭矩值为 T_m，其破坏断口是与轴线成 45°螺旋面，破坏形式如图 3-16 所示。抗扭强度与低碳钢试件的计算方式相同。

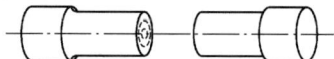

图 3-15　低碳钢扭转时切应力引起的破坏

图 3-16　铸铁扭转时拉应力引起的破坏

圆截面试件受扭矩作用时，材料处于纯剪切应力状态，如图 3-11 所示。在试件表面取一单元体，其切应力为最大，在与轴线方向成±45°角的斜面上正应力为最小和最大，根据试件破坏断口可以判断低碳钢是由切应力引起的破坏，铸铁试件是由拉应力引起的破坏。

3.4.4　实验步骤（低碳钢）

（1）实验前准备。

① 检查量具可靠性。

② 检查扭转试验机状态。

打开计算机，双击试验机程序打开控制界面，转动试验机电源旋钮至"ON"。联机后观察控制界面各通道示数是否有轻微跳动，如有轻微跳动，则表示各传感器连接正常。操作手动控制盒转动扭转机加载端旋转，观察加载端旋转情况。正常状态下加载端可按手动控制盒指令顺时针或逆时针转动。

（2）实验流程。

① 测量试件初始尺寸，操作同拉伸实验。

② 夹装试件，将试件一端放入滑轨所在的固定端，先用六角扳手预紧固，注意试件安放时需与夹具凹槽吻合。然后将固定端沿滑轨推至另一夹持端，待试件靠近夹具凹槽时进行对正，如果试件夹持端与夹具凹槽无法吻合，需将滑轨拉开，微调夹具凹槽位置与夹持端吻合，然后将试件夹持端推入夹持端凹槽，紧固夹持端的紧固螺丝（图 3-17）。

图 3-17 旋转端夹持

③ 实验方法选择"低碳钢扭转实验方法"。
④ 通道清零。
⑤ 启动实验。

单击操作界面的"开始"按钮开始实验，注意观察各通道的示数变化以及曲线的绘制情况。如有异常，立即单击"停止"按钮结束实验。

⑥ 实验结束。

试件破坏后单击"停止"按钮，退下试件，在仪器绘制的扭转曲线上寻找对应的特征值，整理仪器，实验结束。

3.4.5 实验步骤（铸铁）

铸铁扭转实验流程与低碳实验流程大致相同，仅在实验方法选择时选取"铸铁扭转实验方法"，其余流程不变。

3.4.6 实验结果处理

低碳钢下屈服强度：

$$\tau_{eL} = \frac{T_{eL}}{W_t}$$

低碳钢抗扭强度：

$$\tau_m = \frac{T_m}{W_t}$$

铸铁抗扭强度：

$$\tau_m = \frac{T_m}{W_t}$$

3.5 剪切弹性模量测定实验

3.5.1 实验目的

(1) 测定低碳钢的剪切弹性模量 G。
(2) 验证剪切胡克定律。

3.5.2 实验设备

(1) 剪切弹性模量测定实验台（扭转试件直径 $d=10$mm，标距 $L=220$mm，表臂 $\rho=130$mm，加力臂长 $R=200$mm。砝码 5 个，每个重力 $\Delta F=4.9$N）。
(2) 带表卡尺。

3.5.3 实验原理

剪切弹性模量测定实验台如图 3-18 所示，试件左端通过压板固定在支架上，试件右端穿过轴承可在支架上转动并与加力臂固接，试件工作段两端各固定一转角臂，右转角臂通过平面挡板与百分表顶杆相接触，在力臂上通过砝码加载，加载后在试件上产生扭矩，通过百分表测量两个截面（标距 L_0）转过的弦长，即可计算出两个截面的相对扭转角和剪切弹性模量 G。

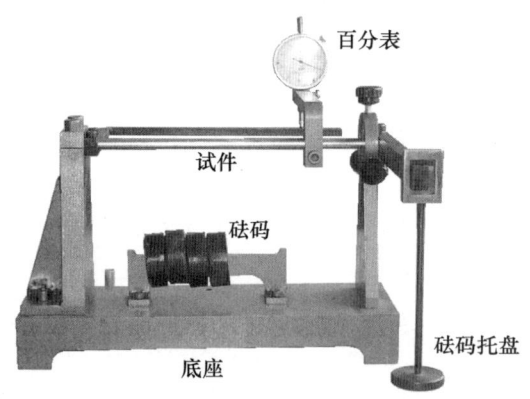

图 3-18 剪切弹性模量测定实验台

在弹性范围内进行圆截面试件扭转实验时，扭矩 T 与扭转角 φ 之间的关系符合扭转变形的胡克定律。由 $\varphi=\dfrac{TL_0}{GI_P}$（式中 $I_P=\dfrac{\pi d^4}{32}$，为截面的极惯性矩）可知，试件长度 L_0 和极惯性矩 I_P、扭矩增量 ΔT 均为已知，只要测得试件标距 L_0 相应的扭转角增量 $\Delta \varphi$，可由式 $G=\dfrac{\Delta T L_0}{\Delta \varphi I_P}$ 计算得到材料的剪切弹性模量。

实验时通过砝码加载，每加一个砝码（$\Delta F=4.9$N），在试件上增加的扭矩为 $\Delta T=R\Delta F$（$R=200$mm，为力臂长度），百分表就有一个读数（N 格），共加 5 级，有 4 个增量，取其平均值除以 100。

当在扭转试验机上测 G 值时，扭矩从扭转试验机上读取，扭转角 φ 的测量是通过百分表式扭角仪来完成的，和上述原理基本相同。如图 3-19 所示，百分表式扭角仪由两个夹具和一个百分表组成，夹具 1 上可安装一个百分表 4，百分表顶杆到试件截面中心的距离为 ρ，夹具 2 上有一平面挡板，将夹具 1、2 分别固定在试件 3A、B 两个截面上。A、B 两个截面的距离为 L_0，调整两个夹具使平面挡板与百分表的顶杆相接触。当试件受扭后，两个截面发生相对转动，百分表因此而产生读数，此读数即为百分表测杆到试件轴线的转动弦长 δ（一格为 1/100mm），由于所测变形很小，弦长近似等于弧长，则截面 A 与 B 之间的相对扭转角为 $\varphi=\delta/\rho$（弧度）。

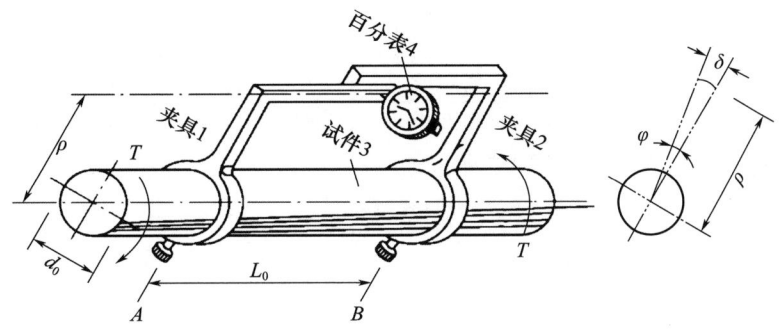

图 3-19 百分表式扭角仪

3.5.4 实验步骤

（1）实验前准备。

① 检查量具可靠性。

② 确定百分表转向。将砝码托盘上部放入标准臂长凹槽处，确保扭转力臂长度准确，然后用手指轻压砝码托盘，观察百分表转动方向。如果百分表示数无变化，应先检查排除故障；如果百分表示数有变化，则取示数增加方向的刻度圈为准。

（2）实验流程。

① 测量试件初始尺寸。

用带表卡尺在试件标距两端和中间部位，分别沿相互垂直的两个方向各测一次直径，取三处直径的算数平均值作为计算直径之用，以计算试件的极惯性矩 I_P。

② 开始实验。

实验采用增量法，先将百分表长指针调零（用手转动表盘），加一个砝码，从百分表上读取第一个初读数 N_0（格），以后每增加一个砝码时从百分表上读取一次数 N_i（格），并进行记录，直到五级荷载进行完毕，计算出各级读数增量 ΔN_i（格）。若读数增量基本相等，就验证了剪切胡克定律。

③ 实验结束。

卸去砝码，使实验台恢复到原位。

3.5.5 实验结果处理

将扭矩和百分表读数准确记录在表 3-2 中。

表 3-2 剪切弹性模量 G 测试记录

试验机数据（N·mm）		百分表式测角仪（格）		剪切弹性模量 G（MPa）
扭矩 T	扭矩增量 ΔT	读数 N_i	读数增量 ΔN_i	
				$G=\dfrac{\Delta T \times L_0}{\Delta \varphi \times I_P}$
				$=\dfrac{100 \times \rho \times \Delta \overline{T} \times L_0}{\Delta \overline{N}_i \times I_P}$
扭矩增量平均值 $\Delta \overline{T}=$		读数增量平均值 $\Delta \overline{N}_i=$		

注：$\rho=130\text{mm}$，是试件轴线到千分表顶杆之间的距离；$\Delta \overline{T}$ 是扭矩增量平均值；$L_0=220\text{mm}$，是工作段长度；$\Delta \overline{N}_i$ 是平均位移增量（格）；I_P 是试件的极惯性矩。

4 电测应力实验

4.1 梁弯曲正应力电测实验

4.1.1 实验目的

（1）测定纯弯曲梁横截面上的正应力分布，并与理论值进行比较，验证平截面假定和梁的正应力公式。

（2）了解电测应力的方法和电阻应变仪的使用方法。

4.1.2 实验设备

（1）材料力学多功能实验台。

（2）静态电阻应变仪。

（3）带表卡尺、直尺。

4.1.3 实验原理

已知梁在纯弯曲变形时，其横截面上的正应力理论上用公式 $\sigma=My/I_Z$ 来计算，为了验证该公式的正确性，本实验采用电测应力的方法即在纯弯曲梁的某个截面的 5 个测点处贴上电阻应变片，加载后通过静态电阻应变仪可以测量出测点的应变值，通过公式 $\sigma=E\varepsilon_{实}$ 计算出该测点的应力值，将实验应力值 $\sigma_{实}$ 与理论计算值 $\sigma_{理}$ 加以比较，验证理论公式的正确性。

本实验采用 Q235 钢制成的矩形截面梁，在梁 CD 段的侧面，沿梁高等距离布置 5 个测点，如图 4-1 所示。在这 5 个测点处沿平行于梁长轴线方向粘贴电阻应变片。其中 3—3 位于中性层上，1—1、5—5 在梁的上、下表面，到中性层的距离为 $y_1=y_5=h/2$，2—2、4—4 到中性层的距离 $y_2=y_4=h/4$。这些电阻应变片可真实感受梁相应位置纵向纤维的变形。梁弯曲时，纵向纤维产生伸长或缩短，贴在梁上的电阻应变片也伸长或缩短。电阻应变片的阻值发生变化，通过电阻应变仪将读得各测点的应变值。

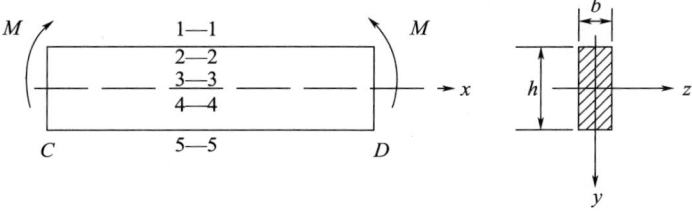

图 4-1 矩形截面梁测点分布

为了实现纯弯曲，采用图 4-2 所示实验装置，在实验梁的 C、D 处用矩形套环通过两个拉杆与矩形短梁连接，短梁跨中上端采用蜗轮蜗杆机构以产生向下位移，实现给 C、D 处加力。蜗轮蜗杆机构下端串接压力传感器将力传给短梁，实现加载值经压力传感器感受后由数字测力仪显示其大小。梁在 C、D 段发生纯弯曲（图 4-3），其弯矩值 $M=Fa/2$。为了减小实验过程中的测量误差，在梁弹性范围内本实验采用增量法加载，每次荷载增量为 1kN，每加一级荷载，分别读取 1~5 测点的应变值，共加载 5 级，求出各点应变增量，计算各测点应变增量的平均值 $\Delta\varepsilon_\text{实}$，依次求出各点应力增量 $\Delta\sigma_\text{实}$（$\Delta\sigma_\text{实}=E\Delta\varepsilon_\text{实}$）。将各点的实测应力值 $\Delta\sigma_\text{实}$ 与理论公式计算的应力值 $\Delta\sigma=\Delta My/I_z$ 加以比较，从而验证公式的正确性。

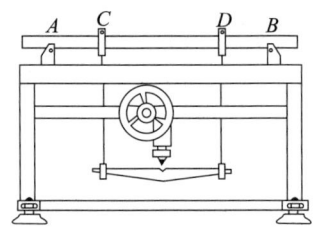

图 4-2　纯弯曲梁装置

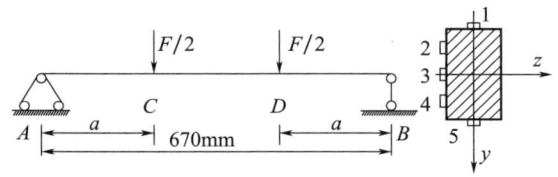

图 4-3　梁计算简图

4.1.4　实验步骤

（1）实验前准备。

① 检查量具可靠性。

② 检查应变片工作状态。用万用表"欧姆"挡位检查应变片电阻值，正常阻值应在 120Ω 左右。如果应变片电阻值出现异常，则需联系仪器管理人员进行故障排除。

③ 按 1/4 桥接线方式将应变片接入测量接线柱，接入补偿片。

④ 打开电阻应变仪，观察各通道示数情况，正常情况下接有应变片的通道示值应当稳定，保持在某一示数值。如果示数值不稳定，波动较大，则需关闭应变仪电源检查接线情况。

（2）实验流程。

① 测量。用直尺和带表卡尺测量钢梁宽度 b、高度 h 和受力点距支座距离 a。

② 初始化测量装置。沿卸载方向转动加载手轮，直至应变仪荷载通道示数不再变化，此时底面压头与小梁处于分离状态。然后单击电阻应变仪的"清零"按键初始化各通道示数。

③ 沿加载方向转动加载手轮，到第一级加载目标时停止加载，稳住加载手轮，记录各通道应变示数，记录完毕后继续加载到下一级加载目标，记录当前各通道应变示数，循环上述过程直到最大加载级数，记录完毕后卸荷。

④ 关闭电阻应变仪，整理仪器，实验结束。

4.1.5　实验结果处理

（1）在表 4-1 中记录加载过程中各应变片应变读数。

表 4-1　应变片应变测试记录（1）

荷载（N）		应变仪读数 $\mu\varepsilon$（$10^{-6}\varepsilon$）									
		测点 1		测点 2		测点 3		测点 4		测点 5	
F	ΔF	ε	$\Delta\varepsilon$	ε	$\Delta\varepsilon$	ε	$\Delta\varepsilon$	ε	$\Delta\varepsilon$	ε	$\Delta\varepsilon$
均值		$\Delta\varepsilon_1=$		$\Delta\varepsilon_2=$		$\Delta\varepsilon_3=$		$\Delta\varepsilon_4=$		$\Delta\varepsilon_5=$	

（2）理论值和实测值计算。

① 理论值。

$$\Delta\sigma_{1理}=\frac{\Delta My_1}{I_Z} \qquad \Delta\sigma_{2理}=\frac{\Delta My_2}{I_Z} \qquad \Delta\sigma_{3理}=\frac{\Delta My_3}{I_Z}$$

$$\Delta\sigma_{4理}=\frac{\Delta My_4}{I_Z} \qquad \Delta\sigma_{5理}=\frac{\Delta My_5}{I_Z}$$

② 实测值。

$$\Delta\sigma_{1实}=E\Delta\varepsilon_1 \qquad \Delta\sigma_{2实}=E\Delta\varepsilon_2 \qquad \Delta\sigma_{3实}=E\Delta\varepsilon_3$$

$$\Delta\sigma_{4实}=E\Delta\varepsilon_4 \qquad \Delta\sigma_{5实}=E\Delta\varepsilon_5$$

③ 相对误差。

$$D_1=\left|\frac{\Delta\sigma_{理1}-\Delta\sigma_{实1}}{\Delta\sigma_{理1}}\right|\times100\% \qquad D_2=\left|\frac{\Delta\sigma_{理2}-\Delta\sigma_{实2}}{\Delta\sigma_{理2}}\right|\times100\%$$

$$D_4=\left|\frac{\Delta\sigma_{理4}-\Delta\sigma_{实4}}{\Delta\sigma_{理4}}\right|\times100\% \qquad D_5=\left|\frac{\Delta\sigma_{理5}-\Delta\sigma_{实5}}{\Delta\sigma_{理5}}\right|\times100\%$$

（3）绘制截面应变分布曲线（略）。

4.2　弯扭组合变形的主应力测定实验

4.2.1　实验目的

（1）测定薄壁圆筒在弯扭组合变形时表面某点处的主应力大小及方向，并与理论值比较。

（2）掌握静态多点应变测量技术。

4.2.2　实验设备

（1）材料力学多功能实验台（弯扭组合实验装置）。

（2）力和应变综合测试仪。

4.2.3 实验装置

(1) 组合式材料力学多功能实验台（图 4-4）。

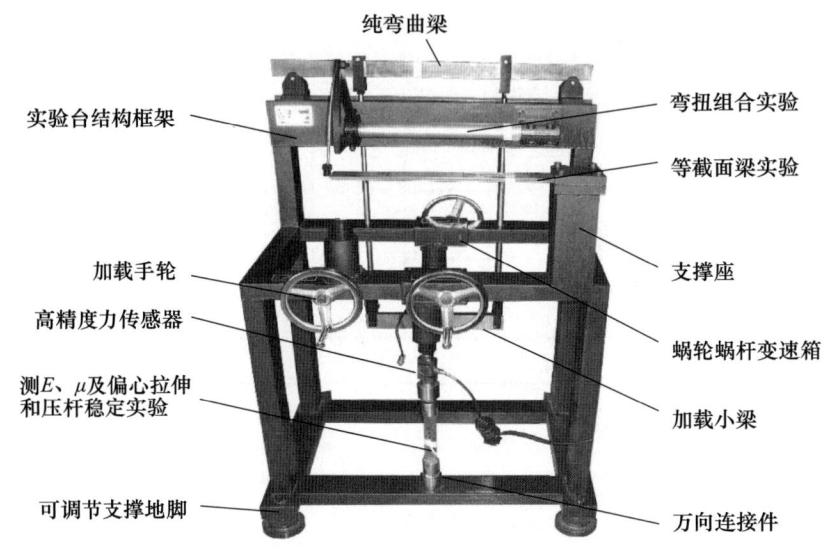

图 4-4　材料力学多功能实验台外形结构

加载原理：加载机构为内置式，采用蜗轮蜗杆及螺旋传动的原理，对试件进行施力加载。该设计采用两种省力机构组合在一起，将手轮的转动变成螺旋丝杆加载的直线运动。

工作机理：实验台采用蜗杆和螺旋复合加载机构，通过传感器及过渡加载附件对试件进行施力加载，加载力大小经拉压力传感器由力和应变综合测试仪（测力仪）显示出来，各测点的应变由力和应变综合测试仪（应变仪）显示出来。

材料力学多功能实验台弯扭组合实验的基本参数：薄壁圆管材料为铝合金，其弹性模量 $E=70\mathrm{GPa}$，圆筒外径为 $40\mathrm{mm}$，内径为 $34.4\mathrm{mm}$，泊松比 $\mu=0.31$，应变片灵敏度系数见实验台标签。加力扇臂长 $a=250\mathrm{mm}$，计算长度 $L=200\mathrm{mm}$，如图 4-5 所示。测点应力状态如图 4-6 所示，测点应变片布置如图 4-7 所示。

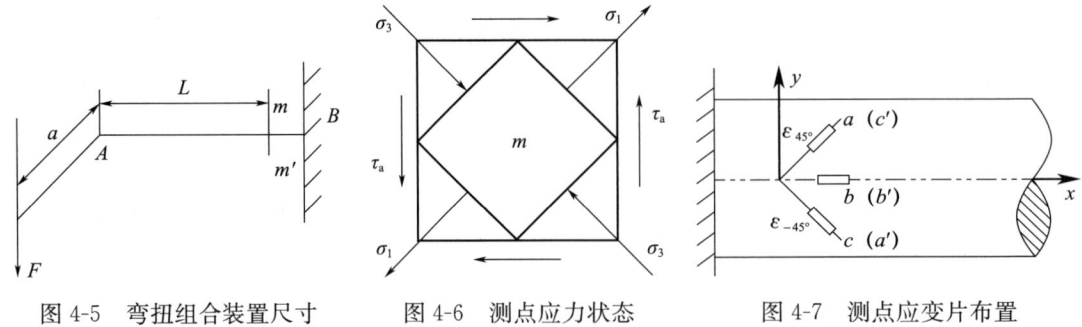

图 4-5　弯扭组合装置尺寸　　图 4-6　测点应力状态　　图 4-7　测点应变片布置

(2) 弯扭组合实验装置（图 4-8）。

弯扭组合实验装置由薄壁圆管（已粘好应变片）、扇臂、钢索、传感器、加载手轮、座体、测力仪、应变仪等组成。实验时，逆时针转动加载手轮，传感器受力，将信号传给数字测力仪。此时测力仪显示的数字即为作用在扇臂顶端的荷载值，扇臂顶端作用力传递至薄壁圆管上，薄壁圆管产生弯扭组合变形。

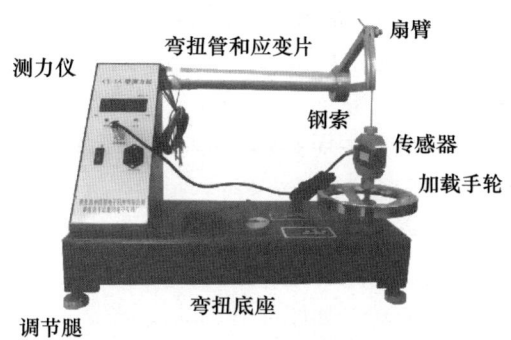

图 4-8　弯扭组合实验装置

薄壁圆管材料为铝合金，其弹性模量 $E=71\text{GPa}$，泊松比 $\mu=0.32$，应变片灵敏度系数 $k=2.170$。弯扭组合薄壁圆管截面尺寸、受力情况如图 4-9 所示，被测试截面上的应力状态如图 4-10 所示，布片情况如图 4-11 或图 4-12 所示。

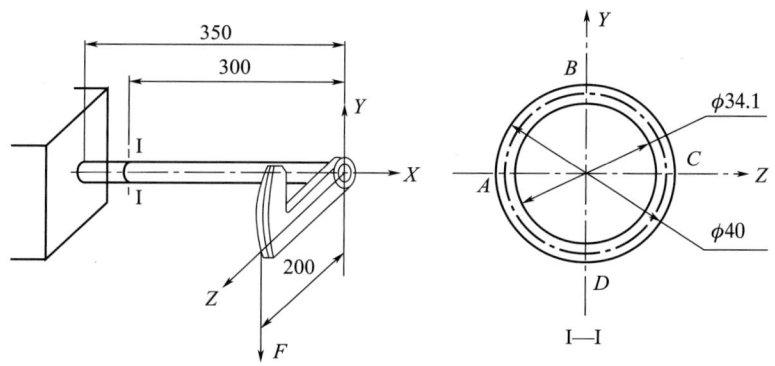

图 4-9　弯扭组合实验装置

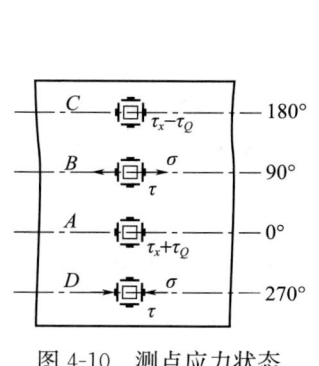

图 4-10　测点应力状态

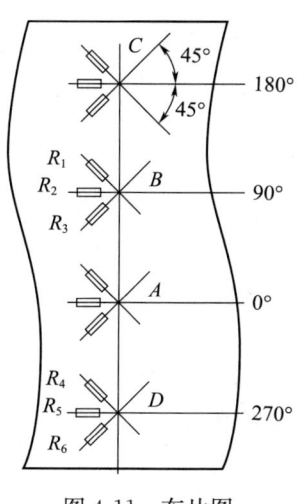

图 4-11　布片图

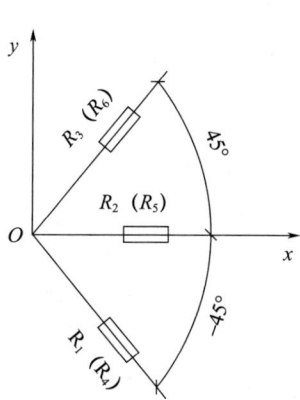

图 4-12　测点应变片

4.2.4 实验原理

(1) 用实验的方法测定薄壁筒弯曲和扭转时表面上一点处的主应力的大小和方向，先要测出该点的应变，确定该点的主应变 ε_1、ε_3 的大小和方向，然后利用广义胡克定律算得主应力 σ_1、σ_3。在平面应力状态下，独立变量有应力 σ_x、σ_y、τ_{xy}，应变有 ε_x、ε_y、γ_{xy}。只要求出任一组数，最大主应力 σ_1、σ_3 及主应力方向角 θ 便可确定。

(2) 已知平面应力状态下的应变转换方程：

$$\varepsilon_a = \varepsilon_x \cos^2\theta + \varepsilon_y \sin^2\theta + \gamma_{xy} \sin\theta\cos\theta \tag{4-1}$$

为了确定任一点的 ε_x、ε_y、γ_{xy} 并使计算简便，采用电测法，在被测截面上的 A、B、C、D 待测点处各粘贴一应变花，如图 4-12 所示。当 $\theta_1 = 0°$、$\theta_2 = 45°$、$\theta_3 = -45°$ 时，由式 (4-1) 得到 $\varepsilon_x = \varepsilon_{0°}$，$\varepsilon_y = \varepsilon_{45°} + \varepsilon_{-45°} - \varepsilon_{0°}$，$\gamma_{xy} = \varepsilon_{-45°} - \varepsilon_{45°}$。

(3) 由下列公式定出任一点的主应变 ε_1、ε_3 的大小及方向：

$$\varepsilon_{1,3} = \frac{1}{2}\left[(\varepsilon_x + \varepsilon_y) \pm \sqrt{(\varepsilon_x - \varepsilon_y)^2 + \gamma_{xy}^2}\right] \tag{4-2}$$

$$\alpha_0 = \frac{1}{2}\tan^{-1}\frac{\gamma_{xy}}{\varepsilon_x - \varepsilon_y} = \frac{1}{2}\tan^{-1}\frac{\varepsilon_{45°} - \varepsilon_{-45°}}{(\varepsilon_{0°} - \varepsilon_{-45°}) - (\varepsilon_{45°} - \varepsilon_{0°})} \tag{4-3}$$

(4) 应用各向同性材料的广义胡克定律，可确定出主应力的大小：

$$\frac{\sigma_1}{\sigma_3} = \frac{E}{1-\mu^2}\left[\frac{1+\mu}{2}(\varepsilon_{-45°} + \varepsilon_{45°}) + \frac{1-\mu}{\sqrt{2}}\sqrt{(\varepsilon_{-45°} - \varepsilon_0)^2 + (\varepsilon_0 - \varepsilon_{45°})^2}\right] \tag{4-4}$$

4.2.5 实验步骤

(1) 实验前准备。

① 检查量具可靠性。

② 检查应变片工作状态。

③ 按 1/4 桥接方式将 B、D 两点的应变花接入测量接线柱。

④ 打开力和应变综合测试仪，观察各通道示数情况，正常情况下接有应变片的通道示值应当稳定，保持在某一示数仅有轻微跳动。如果示数值不稳定，则需关闭应变仪电源并检查接线情况。

(2) 实验流程。

① 测量。用直尺和带表卡尺测量截面到扇形加载面中心距离 l、扇形加载面臂长 b。

② 初始化测量装置。沿卸载方向转动加载手轮，直至应变仪荷载通道示数不再变化，此时钢索与扇形加载面处于分离状态。然后单击力和应变综合测试仪的"清零"按键初始化各通道示数。

③ 沿加载方向转动加载手轮，预加 50N 荷载，确保钢索与扇形加载面接触紧密，再次单击"清零"按键初始化各通道示数。正式加载到第一级荷载目标时停止加载，稳住加载手轮，记录各通道应变示数，记录完毕后继续加载到下一级荷载目标，记录当前各通道应变示数，循环上述过程直到最大加载级数，记录完毕后卸荷。

④ 关闭力和应变综合测试仪，整理仪器，结束实验。

4.2.6 实验结果处理

(1) 在表 4-2 中记录加载过程中各应变片应变读数。

表 4-2 应变片应变测试记录 (2)

荷载 (N)		应变仪读数 $\mu\varepsilon$ ($10^{-6}\varepsilon$)											
		B 点应变花						D 点应变花					
		$-45°$		$0°$		$+45°$		$-45°$		$0°$		$+45°$	
F	ΔF	ε	$\Delta\varepsilon$	ε	$\Delta\varepsilon$	ε	$\Delta\varepsilon$	ε	$\Delta\varepsilon$	ε	$\Delta\varepsilon$	ε	$\Delta\varepsilon$
均值		$\Delta\varepsilon_{B-45°}=$		$\Delta\varepsilon_{B0°}=$		$\Delta\varepsilon_{B45°}=$		$\Delta\varepsilon_{D-45°}=$		$\Delta\varepsilon_{D0°}=$		$\Delta\varepsilon_{D45°}$	

(2) 理论值和实测值计算。

① 理论值。

理论计算有关参数和公式：已知弯矩增量 $M=FL$（$L=300$mm），扭矩增量 $T=Fa$（$a=200$mm）；弯曲引起的正应力 $\sigma=\pm\dfrac{M}{W_Z}\left[W_Z=\dfrac{\pi D^3(1-\alpha^4)}{32}, \alpha=\dfrac{d}{D}, \text{注意 }B\text{、}D\text{ 点的正负号}\right]$，扭矩引起的剪应力 $\tau=\dfrac{T}{W_P}\left[W_P=\dfrac{\pi D^3(1-\alpha^4)}{16}\right]$。

主应力的大小：

$$\begin{matrix}\sigma_1\\\sigma_3\end{matrix}=\frac{\sigma}{2}\pm\sqrt{\left(\frac{\sigma}{2}\right)^2+\tau^2}$$

主应力的方向：

$$\alpha_0=\frac{1}{2}\tan^{-1}\frac{-2\tau}{\sigma}$$

② 实测值。

B 点实验主应力：

$$\begin{matrix}\Delta\sigma_{\text{实}B1}\\\Delta\sigma_{\text{实}B3}\end{matrix}=\frac{E}{1-\mu^2}\left[\begin{matrix}\dfrac{1+\mu}{2}(\Delta\varepsilon_{B-45}+\Delta\varepsilon_{B45})\pm\\\dfrac{1-\mu}{\sqrt{2}}\sqrt{(\Delta\varepsilon_{B-45}-\Delta\varepsilon_{B0})^2+(\Delta\varepsilon_{B0}-\Delta\varepsilon_{B45})^2}\end{matrix}\right]$$

$$\alpha_{B\text{实}}=\frac{1}{2}\tan^{-1}\frac{\gamma_{xy}}{\varepsilon_x-\varepsilon_y}$$

$$=\frac{1}{2}\tan^{-1}\frac{\Delta\varepsilon_{B45}-\Delta\varepsilon_{B-45}}{(\Delta\varepsilon_{B0}-\Delta\varepsilon_{B-45})-(\Delta\varepsilon_{B45}-\Delta\varepsilon_{B0})}$$

D 点实验主应力：

$$\begin{matrix}\Delta\sigma_{实D1}\\ \Delta\sigma_{实D3}\end{matrix} = \frac{E}{1-\mu^2}\left[\begin{matrix}\frac{1+\mu}{2}(\Delta\varepsilon_{D-45}+\Delta\varepsilon_{D45}) \pm \\ \frac{1-\mu}{\sqrt{2}}\sqrt{(\Delta\varepsilon_{D-45}-\Delta\varepsilon_{D0})^2+(\Delta\varepsilon_{D0}-\Delta\varepsilon_{D45})^2}\end{matrix}\right]$$

$$\alpha_{D实} = \frac{1}{2}\tan^{-1}\frac{\gamma_{xy}}{\varepsilon_x-\varepsilon_y}$$

$$= \frac{1}{2}\tan^{-1}\frac{\Delta\varepsilon_{D45}-\Delta\varepsilon_{D-45}}{(\Delta\varepsilon_{D0}-\Delta\varepsilon_{D-45})-(\Delta\varepsilon_{D45}-\Delta\varepsilon_{D0})}$$

③ 相对误差。

$$D_{B\sigma_1} = \left|\frac{\Delta\sigma_{理B1}-\Delta\sigma_{实B1}}{\Delta\sigma_{理B1}}\right|\times 100\% \qquad D_{B\sigma_3} = \left|\frac{\Delta\sigma_{理B3}-\Delta\sigma_{实B3}}{\Delta\sigma_{理B3}}\right|\times 100\%$$

$$D_{B\alpha} = \left|\frac{\alpha_{B理}-\alpha_{B实}}{\alpha_{B理}}\right|\times 100\%$$

$$D_{D\sigma_1} = \left|\frac{\Delta\sigma_{理D1}-\Delta\sigma_{实D1}}{\Delta\sigma_{理D1}}\right|\times 100\% \qquad D_{D\sigma_3} = \left|\frac{\Delta\sigma_{理D3}-\Delta\sigma_{实D3}}{\Delta\sigma_{理D3}}\right|\times 100\%$$

$$D_{D\alpha} = \left|\frac{\alpha_{D理}-\alpha_{D实}}{\alpha_{D理}}\right|\times 100\%$$

5 选做实验

5.1 规定非比例伸长应力的测定实验

5.1.1 实验目的

(1) 测定金属材料规定的非比例伸长应力 $\sigma_{p0.2}$。
(2) 了解材料规定非比例伸长应力 $\sigma_{p0.2}$ 的测试方法。

5.1.2 实验仪器和设备

(1) 电子万能试验机。
(2) 带表卡尺。

5.1.3 实验原理

工程中常会遇到一些金属材料没有明显的屈服阶段，如高强钢、铝合金等，其拉伸曲线从弹性直线段到塑性段是光滑过渡的。因此对无明显屈服现象的金属材料的屈服强度，只能用规定塑性变形量的方法来测定，这时一般就要测规定非比例伸长应力 σ_p。规定非比例伸长应力就是非比例伸长率等于规定的引伸计标距的百分率时的应力，使用的符号应附以下脚标注说明所规定的百分率，如 $\sigma_{p0.01}$、$\sigma_{p0.05}$、$\sigma_{p0.2}$ 等。$\sigma_{p0.2}$ 是对应于塑性应变 $\varepsilon_p = 0.2\%$ 时的规定非比例伸长应力或屈服强度，这是人为规定的条件屈服应力。目前，一般电子万能试验机带有电子引伸计，且具有数据自动采集和数据处理功能，实验结束后应用程序会自动计算出规定非比例伸长应力或屈服强度。对一般电子万能试验机，在测量规定非比例伸长应力时，从实验曲线 $F-\Delta L$ 曲线先找到规定非比例伸长力 F_p，再通过公式 $\sigma_p = \dfrac{F_p}{A_0}$ 计算出规定非比例伸长应力。计算方法有图解法、滞后环法、逐步逼近法，常用计算方法是图解法和逐步逼近法。

1. 图解法

对有明显弹性直线段的金属材料，图解法是根据试验机绘出的 $F-\Delta L$ 曲线，测定规定非比例伸长力 F_p 值，在曲线图上画一条与曲线的弹性直线段平行的直线 OB，计算规定非比例伸长量 $\overline{OC} = 0.2\%L_0$。式中 L_0 为引伸计的标距，在变形轴线上找到 C 点，过 C 点作平行于 OB 的直线 AC，平行直线 AC 与曲线的交点 A 所对应的 F 值就是所求规定非比例延伸强度的 F_p 值。此力除以试件原始横截面面积就得到规定非比例伸长强度值 $\left(\sigma_{p0.2} = \dfrac{F_{p0.2}}{A_0}\right)$，如图 5-1 所示。

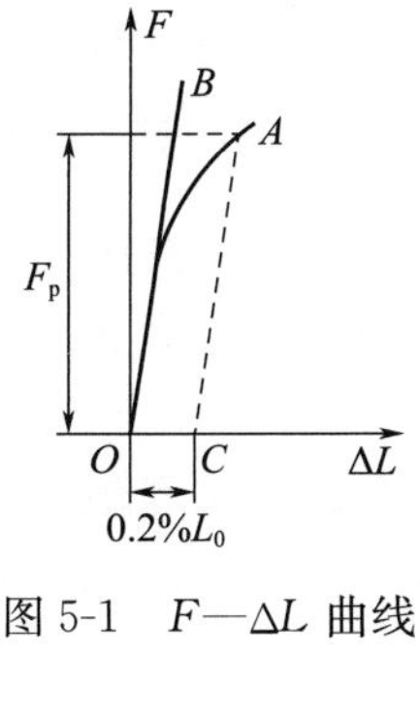

图 5-1 $F-\Delta L$ 曲线

2. 滞后环法

对 F—ΔL 曲线上无明显弹性直线的材料，对试件施加力到预期规定非比例伸长应力 $\sigma_{p0.2}$ 的相应力值后，将力缓慢卸载至约为前面所加力值的 10%，然后继续缓慢加力到超过前面的最大力值 10%，正常情况下绘出的 F—ΔL 曲线将形成一个闭环，如图 5-2 所示。过闭环两点 D、B 作一直线，在变形轴线上找到 C 点，过 C 点作平行于 DB 的直线 CA，平行直线 CA 与曲线的交点 A 所对应的 F 值就是所求规定非比例延伸强度的 F_p 值。此力除以试件原始横截面面积就得到规定非比例延伸强度值 $\left(\sigma_{p0.2}=\dfrac{F_{p0.2}}{A_0}\right)$。图 5-2 所示为右滞后环法。如果 CA 直线位于滞后环右侧，则以 CA 直线与包络线的交点 A 所对应的力 F 作为规定非比例延伸强度的 F_p 值，图 5-3 所示为左滞后环法。

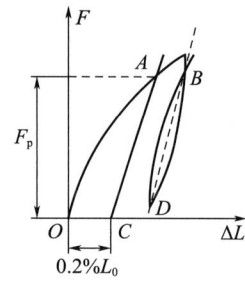

图 5-2　右滞后环法

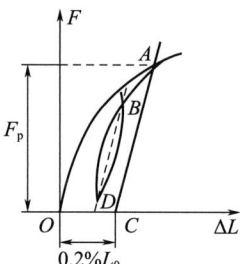

图 5-3　左滞后环法

3. 逐步逼近法

对 F—ΔL 曲线无明显弹性直线的材料，可采用逐步逼近法，从实验 F—ΔL 曲线上估计选一点 A_0 为规定非比例伸长率等于 0.2% 时的力 $F_{p0.2}^0$，在曲线上分别确定荷载为 $0.1F_{p0.2}^0$ 和 $0.5F_{p0.2}^0$ 的 B_1、D_1 两点，从曲线的坐标原点 O 起截取相应于规定非比例伸长的 OC 段，即 $\overline{OC}=0.2\%L_0$，过 C 点作直线 CA_1 平行于直线 B_1D_1，平行线 CA_1 交曲线于 A_1 点，当 A_1 点与 A_0 点重合时，则 $F_{p0.2}^0$ 为规定非比例伸长率为 0.2% 时的荷载，这时 B_1D_1 直线的斜率一般也可以作为确定其他规定非比例伸长应力的基准。

当 A_1 点与 A_0 点不重合时，则需要按上述方法进行进一步逼近，此时重取 A_1 点荷载 $F_{p0.2}^1$，分别取荷载为 $0.1F_{p0.2}^1$ 和 $0.5F_{p0.2}^1$ 的 B_2、D_2 两点，然后过 C 点作 B_2D_2 的平行线交于曲线 A_2 点，如此重复进行，直至最后一次得到的交点和前一次重合为止，如图 5-4 所示。此力除以试件原始横截面面积就得到规定非比例延伸强度值。

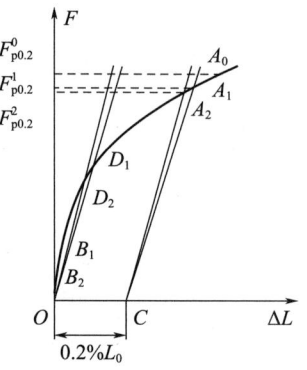

图 5-4　逐步逼近法

5.1.4　实验步骤

（1）按照拉伸实验的要求，测量试件工作段 3 个截面的直径，取其平均值作为计算直径。

（2）启动计算机和试验机，建立实验文件，输入有关参数和需要测试的参数如 $\sigma_{p0.2}$，安装试件，选用 F—ΔL 曲线作图。

（3）在试件工作段安装电子引伸计。

（4）按操作规程进行实验。

5.1.5 实验结果处理

分析材料的 $\sigma_{p0.2}$。

5.2 冲击实验

机械工程结构中的构件由于结构设计的需要，往往有各种形式的缺口，如油孔、键槽、螺纹等。这些有缺口的构件，虽然都是由在静荷载时表现出一定塑性的材料制成的，但当受到冲击荷载作用时，会呈现出脆性破坏的趋势。这是因为塑性变形需要一定的时间，快速加载使塑性变形不能充分进行。又由于缺口根部附近为三向拉伸应力状态，材料就呈现出脆性断裂的倾向。因此在设计承受冲击性质荷载作用的带缺口构件时，为了防止脆性断裂及保证零件的安全性，必须有一种能表征这种条件下材料塑性变形能力的度量。缺口试件的冲击弯曲实验就是为检验材料在这种力学条件下与断裂破坏有关的力学性质提供一个度量的参数——冲击韧性，以 α_k 表示。因此，冲击韧性就作为评价材料在实验条件下韧脆程度的指标，或者说，冲击韧性 α_k 是材料承受冲击荷载的抗力指标。冲击韧性对材料的品质、内部缺陷和晶粒大小等因素甚为敏感，且由于冲击实验简便易行，所以常用于检验锻造、热处理等热加工工艺质量，如检验淬火及锻造裂纹、纤维组织各向异性等。此外，由于常用结构钢往往随着环境温度的下降而呈现脆性的倾向，且在一定的温度区间，材料的韧性差别很大，故缺口冲击实验可用于确定结构钢韧脆转变温度，以供低温结构设计时选用材料和抗脆断设计做参考。

5.2.1 实验目的

(1) 测定低碳钢和铸铁的冲击韧性，并观察其破坏情况。
(2) 了解金属材料冲击实验的意义及常温冲击韧性测定的实验方法。

5.2.2 实验仪器和设备

(1) 摆锤式冲击试验机。
(2) 带表卡尺。

5.2.3 实验原理

材料冲击韧性的测定采用缺口试件的冲击弯曲实验方法。冲击弯曲实验是把金属材料制成一定形状及尺寸的标准试件，并安置在摆锤冲击试验机的机座上，如图 5-5 所示。利用摆锤自由落下的冲击能量而折断试件，摆锤冲断试件所失去的能量称为冲击功 A_k。当忽略冲击试验机所吸收的弹性变形能量及将试件抛出所耗的能量，则可近似地认为冲击功等于试件折断所需吸收的能量。冲击功 A_k 的单位是焦耳（J）或 N·m。将试件吸收的能量除以试件缺口底部处横截面面积 A 所得的商定义为冲击韧性 α_k，单位是 J/cm^2。

$$\alpha_k = \frac{A_k}{A} \tag{5-1}$$

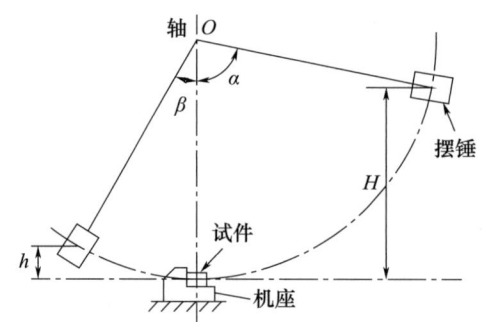

图 5-5　冲击实验原理

摆锤具有质量 m，摆锤臂长 l，悬挂在轴 O 上，摆锤扬起角为 α，使摆锤具有位能 mgH。实验时，操纵手柄使摆锤突然自由落下，冲击安装在机座上的试件，摆锤刀刃冲击试件缺口截面的背面，当试件冲断后摆锤继续向前，扬起角为 β，故剩余的能量为 mgh（g 为重力加速度），摆锤所减少的位能可根据式（5-2）计算：

$$A_k = mgH - mgh = mg(H-h) = mgl(\cos\beta - \cos\alpha) \tag{5-2}$$

实验时在试验机的刻度盘上可以直接读出冲击功 A_k。由于冲击功 A_k 的大小和试件的材料、试件的尺寸、机座形式、试件的缺口形状、变形速度、实验温度等因素有关，故当采用标准试件及规定一定的冲击速度（4.0～5.0m/s）、支座形式及摆锤形状尺寸时，则实验结果就只反映材料和温度这两个因素。我国现阶段采用 V 形和 U 形缺口的试件，其冲击韧性值记为 α_{KU}。国家标准《金属材料 夏比摆锤冲击试验方法》GB/T 229—2020 对 V 形、U 形缺口试件的尺寸，以及支座、摆锤刃口的形状尺寸做了详细规定，如图 5-6 所示（以 U 形缺口试件为例）。缺口试件受到冲击荷载作用，试件在缺口断面的断裂经历了裂纹在缺口根部形成、裂纹的扩展和最终断裂的过程，故在冲击过程中冲断试件所需的冲击功 A_k 就包括冲断试件所耗的弹性变形功、塑性变形功及裂纹形成后直到试件完全断裂的裂纹扩展功这 3 部分。对不同材料，冲击功可以相近，但它所吸收的 3 部分功所占的比例则可能差别很大。若弹性变形功所占比例较大，塑性变形功很小，而裂纹扩展功近于零，则材料断裂前塑性变形小，裂纹一旦出现即断裂，断口呈结晶状脆性断口；若塑性变形功所占比例较大，裂纹扩展功也大，则表现为韧性断裂，断口呈现纤维状为主的韧性断口。因此，冲击韧性并不能确切反映缺口试件在冲击荷载下材料韧或脆的性质。但脆性、低塑性材料断裂时所需的能量少，而高塑性材料断裂时所需的能量多，则可由冲击韧性值定性地得到反映，故冲击韧性 α_k 仅仅是一个经验性的定性的评价材料性能的指标，尚不能根据零件设计的要求来定量地提出对缺口冲击韧性值的要求，只能根据经验，尤其是事故教训提出某些零件对材料缺口冲击韧性值的要求。例如，用于飞机起落架的高强度钢，要求在室温时 α_{KU} 不低于 58.8N·m/cm²，对船用钢板其冲击功 A_{KV} 值在 10℃时必须高于 20.3J。

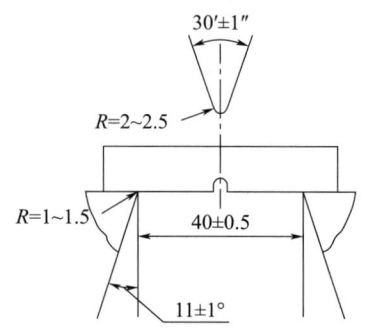

图 5-6　冲击实验支座及试件

5.2.4 实验步骤

（1）用带表卡尺测量缺口处的断面尺寸。
（2）安装试件前，校正读数盘指针位置至零点。
（3）安装试件时，应将缺口背面对准摆锤刃口，使缺口正好位于中间位置，再抬起摆锤。
（4）进行实验，按动控制手柄的冲击按键，摆锤下落，打击试件，试件折断后应缓慢地制动摆锤，记录冲断试件所消耗的能量 A_k。
（5）取出破坏试件，注意观察断口特征。

5.2.5 实验结果处理

由式（5-1）计算低碳钢和铸铁的冲击韧性。

问题讨论：

（1）冲击实验为什么要采用标准试件？
（2）为什么说冲击韧性值可作为材料的抗脆断能力指标？

5.3 压杆稳定实验

两个材料和横截面形状、尺寸相同的直杆，如果杆的长度不同，其抵抗轴向压力的能力有很大的差异。这是由于随着杆长度的增加，杆的承压能力由原来取决于杆的强度而变为取决于杆的稳定性。这就是短粗杆的承压能力远大于细长杆承压能力的原因。由于压杆失稳破坏现象往往突然发生，故其危害性较大。因此对细长受压杆件的稳定性问题必须引起重视。

5.3.1 实验目的

（1）观察受压杆件丧失稳定的现象。
（2）测定两端铰支压杆的临界荷载 F_{cr}，并与理论计算结果进行比较。

5.3.2 实验仪器和设备

（1）压杆稳定实验装置。
（2）测力仪。
（3）静态应变仪。

5.3.3 实验原理

对两端铰支受有轴向压力的细长杆，由欧拉公式得其临界荷载为

$$F_{cr}=\frac{\pi^2 EI}{l^2} \tag{5-3}$$

式中，I 为杆件截面的最小惯性矩；E 为杆件材料的弹性模量；l 为杆件的长度。

欧拉公式是在线弹性、小变形及假定杆无初曲率、荷载作用无偏心的理想条件下导出的。故当压力 $F<F_{cr}$ 时，压杆始终能保持其原来的直线平衡状态；当 $F=F_{cr}$ 时，压杆就处于临界状态，若给予一微小的横向干扰力作用，杆就会偏离原来的直线平衡状态，而在微弯状态保持平衡；当 $F>F_{cr}$ 时，压杆的弯曲变形将显著增大直到破坏。但在实际的实验过程中，由于杆的初曲率及荷载作用有偏心，这些因素使得即使在 $F<F_{cr}$ 时也会引起杆件的弯曲变形，且随着压力的增大而增大。只有当 F 远小于 F_{cr} 时，弯曲变形的挠度 δ 增长较慢；当 F 接近 F_{cr} 时，则挠度 δ 急剧增大，如图 5-7 所示。在实验过程中，随着测出的荷载 F 与 δ 值增多，根据 F—δ 曲线的渐近线 AB，即可确定临界荷载 F_{cr}。

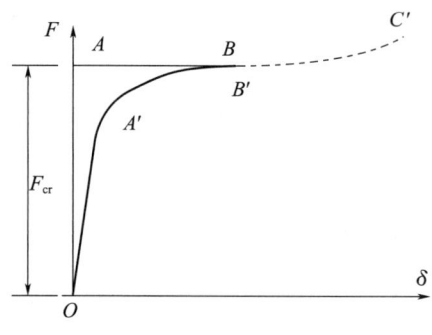

图 5-7　F—δ 曲线

本实验采用矩形截面的细长杆试件，试件两端制成刀刃，将试件垂直安放在 V 形槽中，如图 5-8 所示，其约束相当于两端铰支。在试件中间处，沿厚度方向两侧面各粘贴一个电阻应变片，加载后，从应变仪上读出应变值。

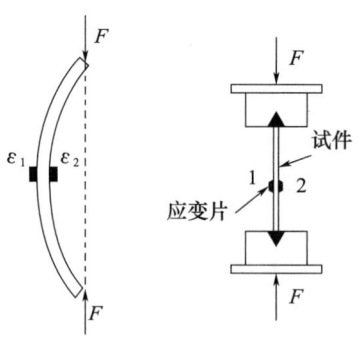

图 5-8　压杆稳定实验电测装置

将杆中部的两个应变计按半桥电路连接至应变仪，则可消除由轴向力引起的应变，此时应变仪读数应变 ε_d 是弯矩产生的应变 ε_M 的 2 倍，即

$$\varepsilon_d = 2\varepsilon_M$$

可得测点处弯曲正应力为

$$\sigma = \frac{Mh/2}{I_{min}} = \frac{F\delta h/2}{I_{min}} = E\varepsilon_M = E\varepsilon_d/2$$

则 $x=l/2$ 处压杆挠度 δ 和应变仪读数应变 ε_d 之间的关系为

$$\delta = \frac{EI_{\min}}{Fh}\varepsilon_d \tag{5-4}$$

由式（5-4）可知，在一定荷载作用下，应变仪读数应变 ε_d 的大小可以反映压杆挠度 δ 的大小，故可将图 5-7 中横坐标挠度 δ 用应变仪读数应变 ε_d 来代替，绘制出 F—ε_d 曲线图，由曲线的渐近线位置来确定临界荷载 F_{cr}。

实验时，为了较好地绘制 F—ε_d 曲线，在预估临界荷载值的 80% 以内，可分为 5 级等量加载，以后继续加载时，应减小荷载增量，并读取相应的挠度值。要特别注意，当挠度值增加迅速时，应根据一定大小的挠度增量来读取荷载，以保证绘制 F—ε_d 曲线时数据点的均匀分布。当荷载接近临界荷载时，压杆的弯曲变形较大，因而引起较大的弯曲应力，为了不损伤试件，故应力不得超过比例极限。因此，当挠度达到一定数值时，应停止加载。

5.3.4 实验步骤

(1) 试件准备：测量试件长度 l、宽度 b 和厚度 h。

(2) 确定加载方案：为保证实验失稳后应力不超过屈服极限，实验前应根据欧拉公式估算实验时的最大许可荷载 $F_{\max}$，并根据 $\frac{F_{cr}}{A_0} + \frac{F_{cr}\delta_{\max}}{W} \leqslant [\delta]$ 计算试件允许的最大挠度 $\delta_{\max}$。

(3) 调整压杆稳定实验装置：放置好安装试件的 V 形槽支座。

(4) 安装试件：将试件垂直放入 V 形槽中，并细心调整，尽可能使压力通过试件的轴线。

(5) 连接测力仪和应变仪：将压杆上应变计导线连接至应变仪，在力为零时将测力仪和应变仪测量通道示值清零。

(6) 进行实验：按拟定的加载方案缓慢加载，每加一级荷载，读取相应的应变值，当挠度增大较快时，应改用根据一定大小的挠度增量读取荷载，直到达到规定的挠度值为止。

(7) 实验结束：卸载到零，取下试件，整理现场。

5.3.5 实验结果处理

(1) 用坐标纸绘出 F—ε_d 曲线，确定临界荷载 F_{cr}。

(2) 用欧拉公式计算理论值临界荷载，

(3) 将理论值和实验值进行比较，分析误差原因。

5.4 组合梁（叠梁）应力测定实验

5.4.1 实验目的

(1) 测定组合梁在纯弯曲时，梁高度各测点正应力的大小及沿截面高度的分布规律，并与理论值做比较。

(2) 通过实验测定和理论分析，了解两种不同材料组合梁的内力及应力分布的差别。

5.4.2 实验仪器和设备

(1) 组合梁实验台。
(2) 力和应变综合测试仪。
(3) 带表卡尺和钢直尺。

5.4.3 实验原理

在实际结构中，由于工作需要，经常把单一的梁、板、柱等构件组合起来或叠放起来，形成一种新的复合梁构件形式。例如，支承车架的板簧，是由多片微弯的钢板重叠组合而成的；大型厂房的吊车梁有的是由几种结构组成的组合承重梁，来共同承担吊车和重物的质量。实际中的组合梁的工作状态是复杂多样的，为了便于在实验室进行实验，仅选择两根截面面积相同的矩形直梁，按以下方式进行组合：一种是用不同材料组成的组合梁；另一种是用相同材料组成的组合梁。用电测法测定其应力分布规律，观察两种形式组合梁与单一材料梁应力分布的异同点，如图 5-9 所示。

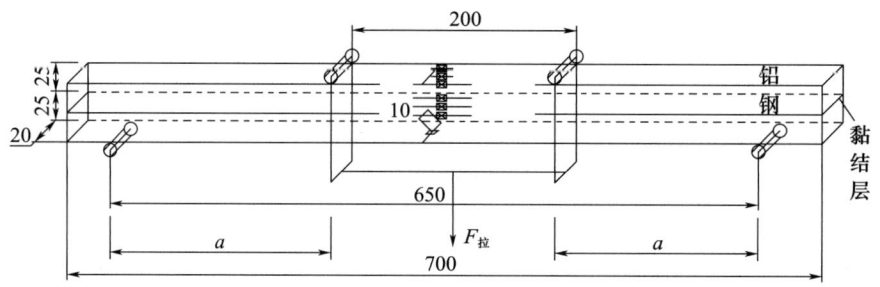

图 5-9 组合梁外形与应变片分布

组合梁测点截面分布如图 5-10 所示，横截面应变和应力分布如图 5-11 和图 5-12 所示。

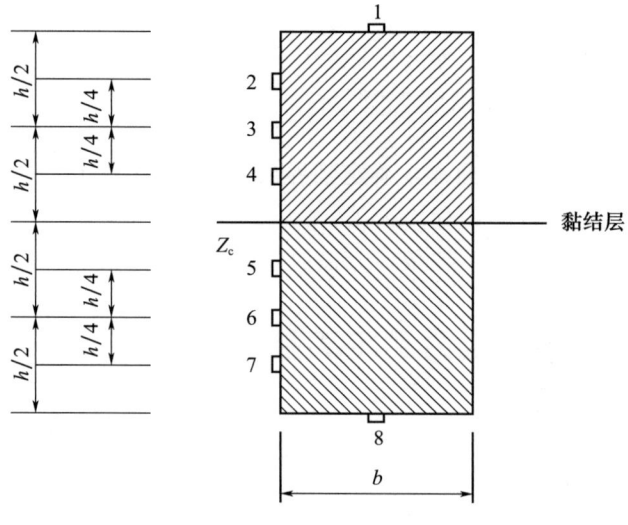

图 5-10 测点截面分布

组合梁横截面弯矩：
$$M = M_1 + M_2$$
$$\frac{1}{\rho} = \frac{M_1}{E_1 I_{Z_1}} = \frac{M_2}{E_2 I_{Z_2}} = \frac{M}{E_1 I_{Z_1} + E_2 I_{Z_2}}$$

式中：I_{Z_1} 为组合梁 1 截面对 Z_1 轴的惯性矩；I_{Z_2} 为组合梁 2 截面对 Z_2 轴的惯性矩。

因此，可得到组合梁 1 和组合梁 2 正应力计算公式分别为

$$\sigma_1 = E_1 \frac{Y_1}{\rho} = \frac{E_1 M_1 Y_1}{E_1 I_{Z_1} + E_2 I_{Z_2}} \tag{5-5}$$

$$\sigma_2 = E_2 \frac{Y_2}{\rho} = \frac{E_2 M_2 Y_2}{E_1 I_{Z_1} + E_2 I_{Z_2}} \tag{5-6}$$

式中：Y_1 为组合梁 1 上测点距 Z_1 轴的距离；Y_2 为组合梁 2 上测点距 Z_2 轴的距离。

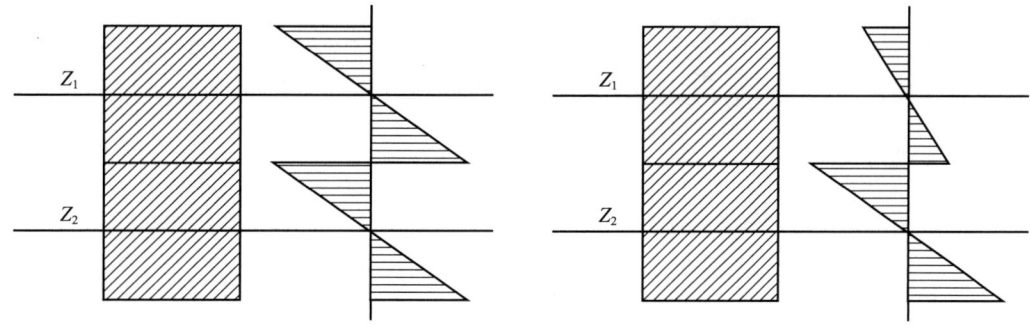

图 5-11　组合梁横截面应变分布　　　图 5-12　组合梁横截面应力分布

由此可知，当组合梁的材质和惯性矩相同时，弯矩是由参与组合梁的根数进行等分配的；当材料不同时，其弯矩是依据抗弯刚度来进行分配的。因此，材质不同的两根梁组成的组合梁（惯性矩相等），在离各自中性层等距离点的应力是不等的。弹性模量大的材质应力较大；反之，弹性模量小的材质应力较小。

5.4.4　实验步骤

（1）设计好本实验所需的各类数据表格。

（2）测量矩形截面梁的宽度 b 和高度 h、荷载作用点到梁支点距离 a 及各应变计到中性层的距离 y_i，见表 5-1。

表 5-1　试件相关参考数据

应变计位置（mm）		梁的尺寸和有关参数
1		宽度 b=20mm
2		高度 h=50mm
3		跨度 L=650mm
4		荷载距离 a=225mm
5		弹性模量 E_1=206GPa
6		弹性模量 E_2=70GPa

续表

应变计位置（mm）	梁的尺寸和有关参数
7	泊松比 $\mu_1=0.26$
8	泊松比 $\mu_2=0.33$

（3）拟定加载方案。先选取适当的初荷载 F_0（一般取 $F_0=300\text{N}$ 左右），估算 $F_{\max}$（该实验荷载范围 $F_{\max} \leqslant 2000\text{N}$），分 4~6 级加载。

（4）根据加载方案，调整好实验加载装置。

（5）按实验要求接好线，调整好仪器，检查整个测试系统是否处于正常工作状态。

（6）加载：均匀缓慢加载至初荷载 F_0，记下各点应变的初始读数；然后分级等增量加载，每增加一级荷载，依次记录各点电阻应变片的应变值 ε_i，直到最终荷载。实验至少重复两次。

（7）做完实验后，卸掉荷载，关闭电源，整理好所用仪器设备，清理实验现场，将所用仪器设备复原，实验资料交指导老师检查签字。

5.4.5 实验结果处理

（1）实验值计算。根据测得的各点应变值 $\Delta\varepsilon_{i实}$ 求出应变增量平均值 $\Delta\bar{\varepsilon}_{i实}$，代入胡克定律计算各点的实验应力值，因为 $1\mu\varepsilon = 10^{-6}\varepsilon$，所以各点实验应力计算公式如下：

$$\sigma_{i实} = E \times \Delta\bar{\varepsilon}_{i实} \times 10^{-6}$$

（2）理论值计算。

荷载增量 ΔF _____ N；弯矩增量 $\Delta M = \Delta Fa/2$ _____ N·m。

各点理论值计算：

$$\sigma_{i理} = \frac{\Delta M y_i}{I_Z}$$

（3）绘出实验应力值和理论应力值的分布图。分别以横坐标轴表示各测点的应力 $\sigma_{i实}$ 和 $\sigma_{i理}$，以纵坐标轴表示各测点距梁中性层位置 y_i，选用合适的比例绘出应力分布图。

（4）将实验值与理论值的比较结果填于表 5-2 中。

表 5-2　实验值与理论值的比较

测点	实测值 $\sigma_{i实}$（MPa）	理论值 $\sigma_{i理}$（MPa）	相对误差（%）
1			
2			
3			
4			
5			
6			
7			
8			

5.5 复合梁应力测定实验

5.5.1 实验目的

(1) 用电测法测定复合梁在纯弯曲受力状态下，沿其横截面高度各测点的正应变。
(2) 分析复合梁的正应力分布规律。

5.5.2 实验仪器和设备

(1) 复合梁实验台。
(2) 力和应变综合测试仪。
(3) 带表卡尺和钢直尺。

5.5.3 实验原理

复合梁实验装置与纯弯曲梁实验装置相同，只是将纯弯曲梁换成复合梁，复合梁所用材料分别为铝梁和钢梁，将其黏结在一起，成为一个复合梁。其弹性模量分别为 $E=70\text{GPa}$ 和 $E=206\text{GPa}$（图 5-9）。复合梁测点截面分布如图 5-10 所示。

对复合梁进行理论分析：假设两根梁通过胶合之后在接触面无滑动地紧密结合在一起。由于所研究问题符合小变形，平截面假设仍然成立，横截面绕组合截面形心轴转动，横截面上各点处的纵向线应变沿横截面高度呈线性规律变化。由于梁弯曲时的几何变形关系与静力平衡关系中不涉及材料力学性能的物理量，因此这两方面的关系与单一材料梁的相应各式相同。作为一整体梁内力只有弯矩 M。设钢梁的弹性模量为 E_{steel}，所承受的弯矩 M_{steel}；设铝梁的弹性模量为 E_{Al}，所承受的弯矩 M_{Al}。有

$$M_{\text{Al}} = M_{\text{steel}} = M$$

在做复合梁正应力实验时，首先确定横截面中性轴的位置。先将不同种材料的复合梁截面折算为某一材料的相当截面（钢-铝复合梁将梁的截面折算为钢材的相当截面），如图 5-13 所示。

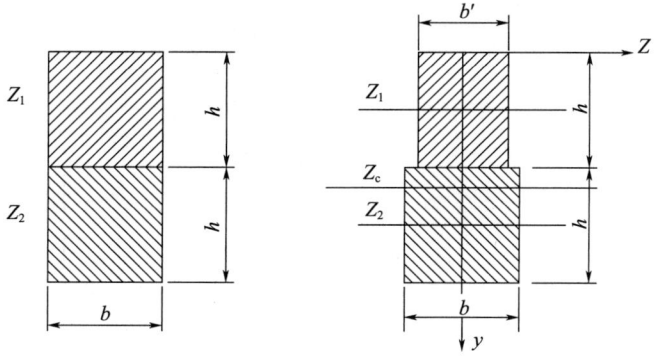

图 5-13 截面折算

由材料力学知识可知相当截面的折算宽度为

$$b' = \frac{bE_{Al}}{E_{steel}}$$

相当截面的形心坐标为

$$y_c = \frac{h(E_{Al} + 3E_{steel})}{2(E_{Al} + E_{steel})}$$

对复合梁进行应力分析，对相当截面

$$\sigma^* = \frac{My}{I_{ZC}^*} \quad -y_c \leqslant y \leqslant 2h - y_c$$

式中

$$I_{ZC}^* = I_{ZC}^{Al} + I_{ZC}^{steel}$$

$$I_{ZC}^{Al} = \frac{bh^3}{12} + \left(y_c - \frac{h}{2}\right)^2 \times h \times b$$

$$I_{ZC}^{steel} = \frac{bh^3}{12} + \left(\frac{3h}{2} - y_c\right)^2 \times h \times b$$

进行应力计算时，对钢梁和铝梁不同测点理论计算分别有

$$\sigma_{steel} = \sigma^* = \frac{My_{ci}}{I_{ZC}^*} \tag{5-7}$$

$$\sigma_{Al} = \frac{E_{Al}}{E_{steel}} \sigma^* = \left(\frac{E_{Al}}{E_{steel}}\right) \frac{My_{ci}}{I_{ZC}^*} \tag{5-8}$$

在复合梁的纯弯曲段内，沿横截面高度已粘贴一组应变片，当梁受荷载后，可由应变仪测得每片应变片的应变，即得到实测的沿复合梁横截面高度的应变分布规律，由单向应力状态的胡克定律公式 $\sigma = E\varepsilon$，可求出应力实验值。将应力实验值与应力理论值进行比较，以验证复合梁的正应力计算公式。复合梁横截面应变和应力分布如图 5-14 和图 5-15 所示。

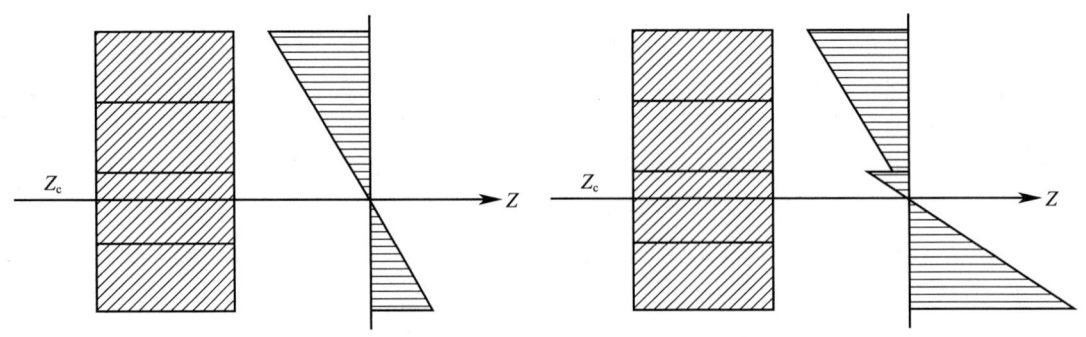

图 5-14 复合梁横截面应变分布　　图 5-15 复合梁横截面应力分布

5.5.4 实验步骤

(1) 设计好本实验所需的各类数据表格。

(2) 测量矩形截面梁的宽度 b 和高度 h、荷载作用点到梁支点距离 a 及各应变片到中性层的距离 y_i，填写于表 5-3。

(3) 拟定加载方案。先选取适当的初荷载 F_0（一般取 $F_0 = 300\text{N}$ 左右），估算 F_{max}

（该实验荷载范围 $F_{\max}\leqslant 2000\text{N}$），分 4～6 级加载。

（4）根据加载方案，调整好实验加载装置。

（5）按实验要求接好线，调整好仪器，检查整个测试系统是否处于正常工作状态。

（6）加载：均匀缓慢加载至初荷载 F_0，记下各点应变的初始读数；然后分级等增量加载，每增加一级荷载，依次记录各点电阻应变片的应变值 ε_i，直到最终荷载。实验至少重复两次。

（7）做完实验后，卸掉荷载，关闭电源，整理好所用仪器设备，清理实验现场，将所用仪器设备复原，实验资料交指导老师检查签字。

表 5-3　试件相关参考数据

应变计位置（mm）	梁的尺寸和有关参数
1	宽度 $b=20\text{mm}$
2	高度 $h=50\text{mm}$
3	跨度 $L=650\text{mm}$
4	荷载距离 $a=225\text{mm}$
5	弹性模量 $E_1=206\text{GPa}$
6	弹性模量 $E_2=70\text{GPa}$
7	泊松比 $\mu_1=0.26$
8	泊松比 $\mu_2=0.33$

5.5.5　实验结果处理

（1）实验值计算。根据测得的各点应变值 $\Delta\varepsilon_{i实}$ 求出应变增量平均值 $\Delta\bar{\varepsilon}_{i实}$，应用胡克定律计算各点的实验应力值，因为 $1\mu\varepsilon=10^{-6}\varepsilon$，所以各点实验应力值计算：

$$\sigma_{i实}=E\times\Delta\bar{\varepsilon}_{i实}\times 10^{-6}$$

（2）理论值计算。荷载增量 $\Delta F=300\text{N}$；弯矩增量 $\Delta M=\Delta Fa/2=$ _____ N·m。各点理论值计算：

$$\sigma_{i理}=\frac{\Delta M y_i}{I_z}$$

（3）绘出实验应力值和理论应力值的分布图。分别以横坐标轴表示各测点的应力 $\sigma_{i实}$ 和 $\sigma_{i理}$，以纵坐标轴表示各测点距梁中性层位置 y_i，选用合适的比例绘出应力分布图。

（4）实验值与理论值的比较。将理论值与实验值的比较结果填写于表 5-4 中。

表 5-4　理论值与实验值的比较

测点	实际值 $\sigma_{i实}$（MPa）	理论值 $\sigma_{i理}$（MPa）	相对误差（％）
1			
2			
3			
4			
5			
6			
7			
8			

5.6 工程桁架结构内力测定实验

5.6.1 实验目的

(1) 通过对焊接、铆接和铰接等不同连接方式的工程桁架结构模型施加相同大小的荷载,测量出各杆件所受的内力值,并与相应材料与尺寸的理想桁架杆件内力的理论计算值进行分析比较,加深对实际工程结构合理力学建模的认识。

(2) 掌握工程结构应变测量的基本方法。

5.6.2 实验仪器和设备

(1) 桁架实验台。
(2) 力和应变综合测试仪。

5.6.3 实验原理

桁架是建筑工程结构应用较为广泛的一种结构型式,主要用于体育馆、报告厅、礼堂等大空间屋架上,实验台采用蜗杆和螺旋复合加载机构,通过传感器及过渡加载附件对模型进行施力加载,加载力大小经拉力传感器由测力仪显示所加力值。在该实验模型某个节点处沿垂直方向加一个集中荷载,如图 5-16 所示,使桁架杆件受力,经贴在杆件上的应变片感受应变并通过应变仪测出应变值,由公式 $\sigma = E\varepsilon$ 可以计算出杆件的应力大小。考虑到桁架杆件可能会有偏心受力的影响,可在杆件中间段的前后对称位置各贴一个应变片接成对桥电路,其读数为单片时的 2 倍,以减小测量误差。

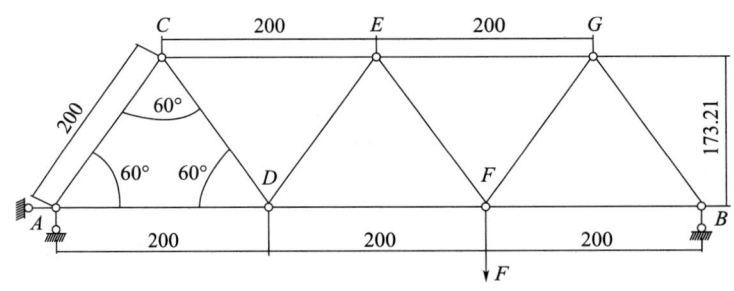

图 5-16 桁架简图

图 5-16 中桁架杆件有关参数:杆长 $L=200$mm;外径 $D=14$mm;内径 $d=10.6$mm;弹性模量 $E=206$GPa;泊松比 $\mu=0.28$。

5.6.4 实验步骤

(1) 安装好待测的桁架。
(2) 将应变计按半桥的方法接到力和应变综合测试仪上,并接好公共补偿片。
(3) 打开力和应变综合测试仪电源开关,预热 20min。
(4) 调节力和应变综合测试仪灵敏度系数和电阻应变片灵敏度系数,使两者一致。

(5) 对仪器读数进行初始清零。
(6) 用增量法分级加载，读取各测点的应变读数并记录（最大荷载不能超过 3000N）。

5.6.5 实验结果处理

(1) 计算铰接桁架各测杆应力的理论值，并与实测值进行比较。
(2) 计算桁架在 3 种连接方式下各测杆应力的实测值。
(3) 讨论并比较桁架在 3 种连接方式下各测杆应力变化情况（表 5-5）和测量误差。

表 5-5　不同连接方式杆件数据比较

杆件类型	杆件名称	连接方式	$\Delta\varepsilon_i$	ΔF_{Ni}	杆件类型	杆件名称	连接方式	$\Delta\varepsilon_i$	ΔF_{Ni}
腹杆	AC	铰接			腹杆	EF	铰接		
		铆接					铆接		
		焊接					焊接		
	CD	铰接				FG	铰接		
		铆接					铆接		
		焊接					焊接		
	DE	铰接				GB	铰接		
		铆接					铆接		
		焊接					焊接		
下弦杆	AD	铰接			上弦杆	CE	铰接		
		铆接					铆接		
		焊接					焊接		
	DF	铰接				EG	铰接		
		铆接					铆接		
		焊接					焊接		
	FB	铰接							
		铆接							
		焊接							

5.7 非接触全场应变测量实验

5.7.1 实验目的

(1) 测定钢板拉伸过程中的全场应变。
(2) 了解非接触全场应变的测试方法。

5.7.2 实验仪器和设备

(1) 非接触全场应变测量系统。
(2) 电子万能试验机。

5.7.3 实验原理

本实验采用数字图像相关（DIC）方法进行二维非接触全场应变测试系统进行变形和应变测量（图 5-17）。数字图像相关方法处理的是变形前后记录的两幅数字图像，通常将变形前的数字图像称为"参考图像"，变形后的数字图像称为"变形后图像"。

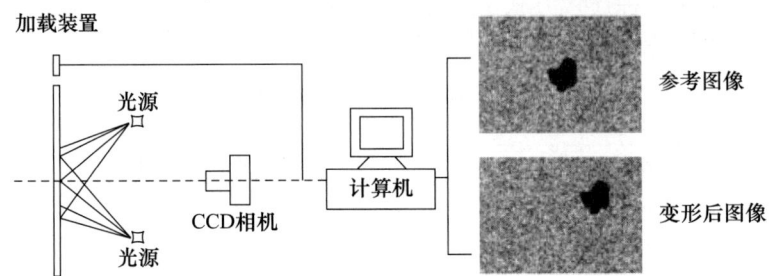

图 5-17　二维非接触全场应变测试系统

数字图像相关方法的基本原理如图 5-18 所示：在参考图像中取以某待求点 $P(x_0, y_0)$ 为中心的 $(2M+1)\times(2M+1)$ pixels 大小的矩形参考图像子区，在变形后图像中通过一定的搜索方法按选定的相关函数来进行相关计算，获得相关系数取最小值的以 $P'(x'_0, y'_0)$ 为中心的目标图像子区。在利用数字图像进行实际计算时通常将参考图像中间的待计算区域划分成虚拟网格形式，通过计算每个网格节点的位移以得到全场位移信息，相邻网格点之间的距离为计算步长。

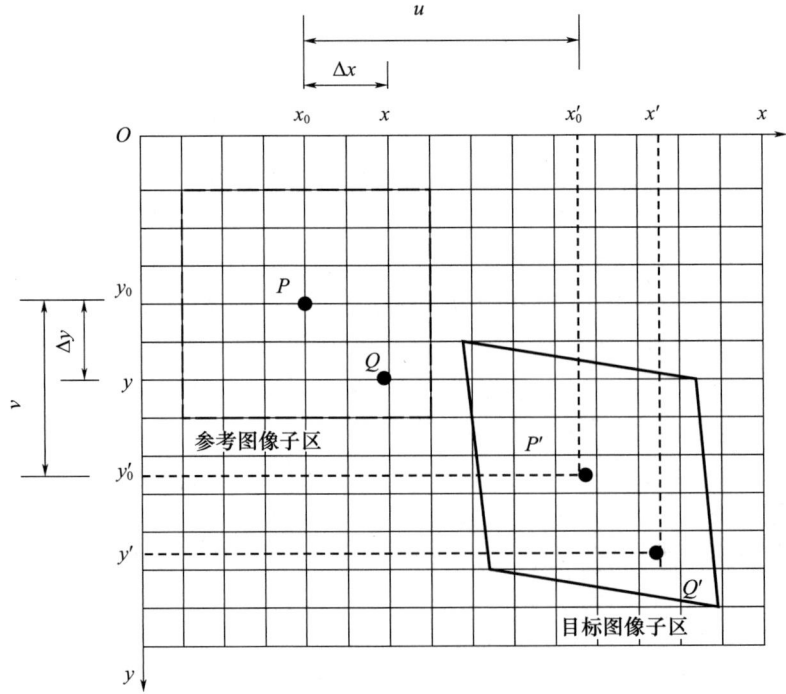

图 5-18　数字图像相关方法基本原理

对比变形前后散斑图像的灰度特征的前提是被测试件表面需要有足够多的可识别标志点，一般的做法是在试件表面喷上黑白相间的漆斑作为散斑标志点，并且假设这些散斑点的变形就是试件本身的变形。数字图像相关方法算法的关键是进行图像前处理以及用合理的匹配原则来定义相关度。合理的对应关系通常基于如下两个前提条件：(1) 物体表面上的同一个点在变形前后图像上的灰度保持不变；(2) 随机分布的散斑使图像上的任一个包含有足够多的像素点的子集在灰度分布上具有唯一性。

为评价变形前后图像子区的灰度相似性，采用零均值归一化最小平方距离相关函数：

$$C(p) = \sum_{x=-M}^{M} \sum_{y=-M}^{M} \left[\frac{f(x, y) - f_m}{\sqrt{\sum_{x=-M}^{M} \sum_{y=-M}^{M} [f(x, y) - f_m]^2}} - \frac{g(x', y') - g_m}{\sqrt{\sum_{x=-M}^{M} \sum_{y=-M}^{M} [g(x', y') - g_m]^2}} \right]$$

(5-9)

式中：$f(x, y)$ 是参考图像子区中坐标 (x, y) 点的灰度；$g(x', y')$ 是参考图像子区中坐标 (x', y') 点的灰度；$f_m = \frac{1}{(2M+1)^2} \sum_{x=-M}^{M} \sum_{y=-M}^{M} [f(x, y)]$、$g_m = \frac{1}{(2M+1)^2} \sum_{x=-M}^{M} \sum_{y=-M}^{M} [g(x', y')]$，分别为参考图像和目标图像子区灰度平均值；$p$ 为描述变形前后图像子区位置和形状变化的变形参数矢量。

当仅考虑目标图像子区的平移、拉伸或压缩以及刚体转动时，图像子区中的任一点 Q 变形后坐标 $Q'(x', y')$ 与变形前坐标 $Q(x, y)$ 的对应关系可用下式表达：

$$x' = x + u + u_x \Delta x + u_y \Delta y$$
$$y' = y + v + v_x \Delta x + v_y \Delta y$$

(5-10)

式中：u、v 分别为参考图像子区中心点在 x 方向、y 方向的位移；Δx、Δy 为点 Q 到子区中心点 P 的位移；u_x、u_y、v_x、v_y 为图像子区的位移梯度。

$p = (u, u_x, u_y, v, v_x, v_y)^T$，为包含6个未知参数的变形矢量，当变形前后图像子区最为相似的时候，相关系数 $C(p)$ 取最小值。式 (5-9) 中的相关函数可用 Newton Raphson 偏微分修正法优化，进而得到该图像子区中心点 $P(x_0, y_0)$ 的位移 u、v 及位移梯度 u_x、u_y、v_x、v_y。

5.7.4 实验步骤

(1) 用黑、白亚光喷漆对钢板试件喷涂散斑。
(2) 启动电子万能试验机，调整实验速度，安装试件。
(3) 调整非接触应变测量系统参数，进行测量前标定。
(4) 开始进行拉伸实验，并采用非接触应变测量系统同步进行钢板试件的全场应变照片采集。

5.7.5 实验结果处理

分析钢板的全场变形和应变。

6 误差分析和数据处理

用各种实验方法测量力、位移、应力、应变等物理量时，不可避免地存在实验误差。制定实验方案、按照实验目的选择实验仪器和设备、确定实验方法和步骤，以及对测得的实验数据进行合理的分析和处理，都需要有关误差分析和数据处理方法的基本知识。

6.1 基本概念

1. 接受参照值、观测值、理论值和误差

（1）真值是客观上存在的某个物理量的真实值。例如实际存在的力、位移、长度等数值，需要用实验方法测量，但由于仪器、方法、环境和人的观察力都不能完美无缺，所以严格说来真值是无法测得的，只能测得真值的近似值。

接受参照值是用作比较的经协商同意的标准值，它有以下几种来源：

① 基于科学原理的理论值或确定值；
② 基于一些国家或国际组织的实验工作的指定值或认证值；
③ 基于科学或工程组织赞助下合作实验工作中的同意值或认证值；
④ 当上述 3 项不能获得时，则用（可测）量的期望，即规定测量总体的均值。

（2）观测值是用规定的测量方法所确定的某个物理量的数值，例如用测力计测量构件所受的力。

（3）理论值是用理论公式计算得到的某个物理量的数值，例如根据牛顿第二定律中的力和质量计算得到的加速度值。

（4）误差：实验误差是观测值与接受参照值的差值，简称误差。

2. 实验误差的分类

根据误差的性质及其产生的原因可分为三类：

（1）系统误差：它是由某些固定不变的因素引起的误差，对测量值的影响总是有同一偏向或相近大小。例如用应变仪测应变时，仪器灵敏系数值偏大（与应变计灵敏系数值相比），则所测应变值总是偏小。系统误差有固定偏向和一定规律性，可根据具体原因采取适当措施予以校正和消除。

（2）随机误差：它是由不易控制的多种因素造成的误差，有时大，有时小，有时正，有时负，没有固定大小和偏向。例如用游标卡尺测量某钢球直径，在相同条件下，测量多次，所测得数据都不尽相同。数据时大时小，常围绕某一中间值上下波动，如测量次数足够多，可从中发现随机误差服从统计规律，其大小和正负的出现服从概率分布。

（3）过失误差：它是显然与实际不符的误差，无一定规律，误差可以很大，主要由实验人员粗心、操作不当或过度疲劳造成。例如读错刻度，记录或计算差错。此类误差只能靠实验人员认真细致地正确操作和加强校对才能避免。

3. 误差的来源

测量过程中产生的误差的来源是多方面的，主要有以下 4 个方面。

(1) 测量装置误差：由实验设备、测量仪器带来的测量误差，如仪器未经过正确校准或标定产生的误差（非线性滞后、刻度不准等）、设备加工粗糙、安装调试不当、设备磨损等引起的测量误差。

(2) 方法误差：指测量方法的设计不当或依据的理论不够完善而引起的测量误差。例如使用钢卷尺测量圆柱体的直径，方法本身不合理，从而产生误差。

(3) 环境误差：主要指环境的温度、湿度、气压、振动、电场、磁场等与要求的标准状态不一致，引起测量装置的测量误差增大，或被测量本身发生变化所造成的附加的测量误差。

(4) 人员误差：指测量者的分辨能力、熟练程度、精神状态等因素引起的测量误差。

在测量结果分析时，必须对上述误差来源进行全面考察，特别要注意对误差影响较大的因素。

4. 准确度、正确度和精密度

正确度是由大量测试结果得到的平均数与接受参照值间的一致程度；准确度是测试结果与接受参考值间的一致程度；精密度是在规定条件下，独立测量结果间的一致程度。一组测量数据重复性好即精密度高，但不一定正确度高，即所测数据可能都与真值相差较大。而另一组测量数据，若正确度高则精密度也一定高，这两者区别可用打靶的例子说明，图 6-1 (a) 表示准确度、正确度和精密度都高，图 6-1 (b) 表示精密度高而正确度不高，图 6-1 (c) 表示两者都不高。

正确度主要由系统误差决定，系统误差小则正确度高；精密度由随机误差决定，随机误差小则精密度高；正确度和精密度都高的测量又可称为准确度高的测量。

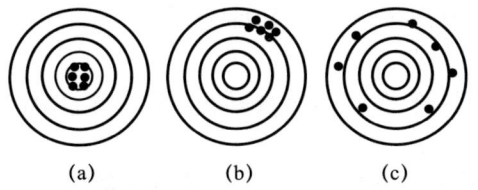

图 6-1　正确度和精密度示意

5. 有效数字与数据运算规则

在测量数据计算中，确定用几位数字代表测量结果十分重要，测量数据的位数与测量准确度有关，位数取得过多，超过测量可能的准确度是不对的；相反，位数过少，低于测量能达到的准确度也是错误的。

(1) 有效数字。

测量时要估读到仪表刻度上最小一格中的分数，而不能将它略去。例如用某型号游标卡尺测量试件尺寸时，若读数盘上每分格为 0.02mm，应估读到 0.01mm，譬如 10.13mm。这四位数叫有效数字，前三位数是准确的，末一位数欠准确。

数字 0 可以是有效数字，也可以不是。例如长度 0.00450m 前三个 0 均非有效数字，因为这些 0 只与所取单位有关，而与测量准确度无关。如用 mm 为单位，则变成

4.50mm，前三个0消失。后一个0是有效数字，有效位数三位，后一个0如丢掉，则有效位数变成二位，数值的准确度降低了。

(2) 数值修约规则。

数值修约时，应先确定修约规则：

① 指定修约间隔为 10^{-n}（n 为正整数），或指明将数值修约到 n 位小数；

② 指定修约间隔为 1，或指明将数值修约到"个"位数；

③ 指定修约间隔为 10^n（n 为正整数），或指明将数值修约到 10^n 数位，或指明将数值修约到"十"、"百"、"千"等数位。

数值记录时，应遵循进舍规则：

① 拟舍弃数字的最左一位数字小于 5，则舍去，保留其余各位数字不变。例如：将 13.138 修约到一位小数，得 13.1。

② 拟舍弃数字的最左一位数字大于 5，则进一，即保留数字的末位数字加 1。例如：将 1367 修约到"百"数位，得 14×10^2。

③ 拟舍弃数字的最左一位数字是 5，且其后有非 0 数字时进一，即保留数字的末位数字加 1。例：将 11.5002 修约到个数位，得 12。

④ 拟舍弃数字的最左一位数字是 5，且其后无数字或皆为 0 时，若所保留的末尾数字为奇数（1、3、5、7、9）则进一，即保留数字的末位数字加 1，若所保留的末尾数字为偶数（0、2、4、6、8）则舍去。例如：若指定修约间隔为 10^{-1}，将 1.050 按规则修约，得 10×10^{-1}；将 0.55 按规则修约，得 5×10^{-1}。

⑤ 负数修约时，先将它的绝对值按上述规定进行修约，然后在所得值前面加上负号即可。

(3) 数据运算规则。

① 加减法运算时，各数所保留的小数点后的位数应与各数中小数点后位数最少的相同。例如：12.58+0.0081+4.546 计算时应为 12.58+0.01+4.55=17.14，而不应算成 17.1341。

② 乘除法运算时，各因子保留的位数以有效数字最少的为准，所得积或商的准确度不应高于准确度最低的因子。

③ 大于或等于 4 个的数据计算平均值时，有效位数增加 1 位。

6.2　系统误差的减小和消除

在测量中，若发现有系统误差存在，须找出可能产生系统误差的因素，并给出清除或减小系统误差的方法。系统误差产生的原因复杂，表现形式多样。可以用以下几种方法减小和消除系统误差。

(1) 从产生误差的根源上清除系统误差：如正确使用仪器，定期检修校准设备，选择环境变化稳定的时刻等。

(2) 使用修正方法消除系统误差：若已知系统误差具有某种规律，则预先做出修正表或修正曲线。测试时，使用修正表或修正曲线修正实际测量值，以得到不含系统误差的测量结果。

(3) 定值系统误差消除法。

对测量值中含有的固定不变的系统误差，常用的消除法有三种。

① 替代法：当被测对象测量后，在不改变测量条件的情况下，用一个已知量（标准量）代替被测对象再次进行测量，可以消除某因素引起的系统误差。

② 抵消法：此方法需要进行两次测量，若改变测量条件能改变定值系统误差的符号，使两次的测量值包含的系统误差大小相等、符号相反，则取两次测量值的平均值作为测量结果，即可消除系统误差。

③ 交换法：根据误差产生的原因，将测量中的某些条件（如被测对象位置等）相互交换，使系统误差得以抵消。

以等臂天平称量为例，将被测量物依次放置于左、右盘中测量，放置适量砝码使天平平衡，测量物体质量。这种方法可以消除臂长微小差异引起的系统误差。

(4) 变值系统误差消除法

根据变值系统误差的变化规律，常用针对性的消除方法有对称法和半周期法。

① 对称法：对称法可用于消除线性变化的系统误差。当系统误差随时间线性变化时，若选定某时刻为中点，采用等时间间隔对称读数，围绕中点的任意对称两点的系统误差算术平均值皆相等，利用该特性，将测量按时间对称安排，以对称点读数的算术平均值作为测得值，即可找出系统误差并予以消除。

很多随时间变化的误差，在短时间内可近似为线性规律，也可用对称法加以消除。

② 半周期法：半周期法可用于消除周期性变化的系统误差。对周期性变化的系统误差，若变化过程正负对称，相隔半个周期的测量值大小相等、符号相反，取两次测量值的算术平均值，即可消除周期性变化的系统误差。使用半周期法消除误差，主要是能够确定变化周期。

一般情况下，系统误差可能由多种因素引起，需具体分析、逐项排除或修正。

6.3 随机误差的理论

1. 误差的正态分布

实验时希望测量值尽量接近真值，在消除系统误差和过失误差之后，实验数据中仍包含随机误差。

一般认为，大部分随机误差都服从正态分布。从图 6-2 可以看出，随机误差有下列特性：

(1) 小误差出现的概率高，大误差出现的概率低，绝对值很大的误差出现的概率接近于零。

(2) 绝对值相等的正负误差出现的概率相等。

2. 随机误差的表示法

(1) 算术平均值 X_a

由下式计算算术平均值

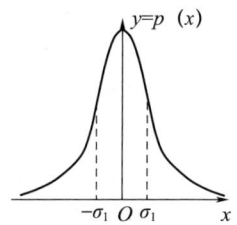

图 6-2 正态分布曲线

$$X_a = \frac{1}{n}\sum_{i=1}^{n} X_i \tag{6-1}$$

式中，X_i 为第 i 次测量值；n 为测量次数。

当 $n \to \infty$ 时，$X_a \to X_t$，X_t 表示真值。

利用最小二乘法原理可以确定一组测量值中的最佳值，它能使各测量值误差的平方和为最小，而最佳值正好是算术平均值。

(2) 标准偏差 σ

若测量值误差 $\delta_i = X_{mi} - X_t$，则标准偏差为

$$\sigma = \sqrt{\frac{1}{n}\sum_{i=1}^{n}\delta_i^2} \tag{6-2}$$

标准偏差是各测量值偏差平方和的平均值的平方根，又称均方根偏差，对较大或较小的偏差反应比较灵敏，是表示测量精密度较好的一种方法。对高斯偏差分布在标准误差上 $\pm\sigma$ 区间内的概率总和为 68.3%，在 $\pm 2\sigma$ 区间内的概率总和为 95%，在 $\pm 3\sigma$ 区间内的概率总和为 99.7%。可以认为在有限测量次数中某一测量值出现概率为 0.3% 已极小，故超出 $\pm 3\sigma$ 的偏差可认为不属于随机误差而是系统误差或过失误差。

(3) 有限测量次数的标准偏差

当测量次数无限多时算术平均值 X_a 才是真值 X_t，而测量次数有限时 X_a 只是近似真值。由概率论知识可知，有限测量次数时标准偏差（又称"实验标准偏差"，简称"标准差"）计算公式为

$$s = \sqrt{\frac{1}{n-1}\sum_{i=1}^{n}(x_i - x_a)^2} \tag{6-3}$$

上述随机误差的正态分布，在理论上是概率论中心极限定理推导的结果，在实际上由大量实践所证实，因此得到广泛应用。但是中心极限定理有前提条件，而实际误差分布往往在分布曲线尾部与正态分布有一些差异，即对相当多的实际分布来说，正态分布只是一种近似，有些实际误差分布则要按非正态分布来考虑。

6.4 离群值的判断与处理

在实验测量中，有时出现一个或几个过大或过小的数据，称为离群值。产生离群值的原因主要有两种：

(1) 客观条件因素，如实验条件意外变化（如雷击、地震）使仪器显示值出现异常；

(2) 测量人员主观因素，如粗心、操作不当产生读数或记录错误等。

测量过程中如发现测量条件明显异常，应做记录以便判断离群值是否应剔除。不注明原因而随意剔除测量数据是不科学的。离群值的舍弃主要有以下三种方法：

1. 拉依达准则（3s 准则）

一组 n 个独立重复观测值中，第 i 次观测值 X_i 与该组观测值的算术平均值 X_a 之差称为残余误差 δ_i，简称残差，即

$$\delta_i = X_i - X_a \tag{6-4}$$

拉依达准则认为，在一组观测值中，若某一观测值的残差绝对值 $|\delta_i|$ 大于 3 倍标准误差 s，即

$$|\delta_i| > 3s \tag{6-5}$$

则认为该值为离群值,应考虑剔除。

对一组测量数据,此准则可重复使用,直至保留的数据中不含异常值,且使用时 s 可采用有限测量次数的标准误差。

拉依达准则以正态分布为依据,不适用于 $n \leqslant 10$ 的情况,n 越大,其置信水平越高,当 $n \to \infty$ 时,其置信水平大于 99%。

拉依达准则实施步骤如下:①求 n 次测量值的算术平均值 X_a;②求各项的残余误差 δ_i;③计算标准误差 s;④根据式(6-5)判断并剔除离群值。

2. 格拉布斯准则

该准则用来对最大或最小异常数据进行检测。设一组 n 个独立重复观测值 X_i, $i=1, 2, \cdots, n$,其算术平均值为 X_a,残差为 δ_i,有限测量次数的标准误差为 s。设 X_i 服从正态分布,格拉布斯导出了 $|\delta_i|_{\max} / \sigma(X)$ 所服从的理论,选定置信水平 p,得到和 n 有关的临界值 $G(n, p)$(表6-1),有

$$P = \left[\frac{|X_i - X|_{\max}}{n} > G(n, p) \right] = 1 - p$$

表 6-1 格拉布斯准则 $G(n, p)$ 表

n	p			n	p		
	90%	95%	99%		90%	95%	99%
3	1.15	1.15	1.16	22	2.43	2.60	2.94
4	1.42	1.46	1.49	23	2.45	2.62	2.96
5	1.60	1.67	1.75	24	2.47	2.64	2.99
6	1.73	1.82	1.94	25	2.49	2.66	3.01
7	1.83	1.94	2.10	26	2.50	2.68	3.03
8	1.91	2.03	2.22	27	2.52	2.70	3.05
9	1.98	2.11	2.32	28	2.53	2.71	3.07
10	2.04	2.18	2.41	29	2.55	2.73	3.08
11	2.09	2.23	2.48	30	2.56	2.74	3.10
12	2.13	2.29	2.55	31	2.58	2.76	3.12
13	2.18	2.33	2.61	32	2.59	2.77	3.14
14	2.21	2.37	2.66	33	2.60	2.79	3.15
15	2.25	2.41	2.70	34	2.62	2.80	3.16
16	2.28	2.44	2.75	35	2.63	2.81	3.18
17	2.31	2.48	2.78	36	2.64	2.82	3.19
18	2.34	2.50	2.82	37	2.65	2.83	3.20
19	2.36	2.53	2.85	38	2.66	2.84	3.22
20	2.38	2.56	2.88	39	2.67	2.86	3.23
21	2.41	2.58	2.91	40	2.68	2.87	3.24

格拉布斯准则实施步骤如下:①先计算测量结果的算术平均值和标准偏差;②取定

置信水平 p，根据测量次数 n 查出相应的格拉布斯临界系数 $G(n,p)$，计算格拉布斯鉴别值；③将各测量值的残余误差 δ_i 与格拉布斯鉴别值相比较，若满足鉴别式 $|\delta_i|_{\max} \geqslant G(n,p) \cdot S(X)$，则可认为对应的测量值 X_i 为离群值，应予剔除，否则不予剔除。此准则可重复使用，直至所测数据中无离群值。

【例 6-1】 重复测量某工件的厚度，得测量结果如下：36.44，39.27，39.94，39.44，38.91，39.69，39.48，40.56，39.78，39.35，39.86，39.71，39.46，40.12，39.39，39.76mm。试判定该测量结果是否存在离群值；若有离群值，则将其剔除。

解：

(1) 计算该测量结果算术平均值为

$$X_a = \frac{\sum_{i=1}^{n} X_i}{n} = 39.62$$

各测量值的残余误差 δ_i：

k	X_k	δ_k	k	X_k	δ_k
1	39.44	−0.18	9	39.78	0.16
2	39.27	−0.35	10	39.35	−0.27
3	39.94	0.32	11	39.86	0.24
4	39.44	−0.18	12	39.71	0.09
5	38.91	−0.71	13	39.46	−0.16
6	39.69	0.07	14	40.12	0.50
7	39.48	−0.14	15	39.39	−0.23
8	40.56	0.94	16	39.76	0.14

(2) 计算标准差

$$s = \sqrt{\frac{1}{n-1}\sum_{i=1}^{n}(X_i - x_a)^2} = 0.38$$

取置信水平 $p=0.95$，由测量次数 $n=16$ 查表得相应的格拉布斯临界值 $G(n,p)=2.44$，计算格拉布斯鉴别值：

$$G(n,p) \cdot S(X) = 2.44 \times 0.38 = 0.39$$

(3) 将各测量值的残余误差 δ_i 与格拉布斯鉴别值相比较，有

$$|\delta_8| = 0.94 > 0.93$$

故可判定 X_8 为离群值，应予剔除。

(4) 将 X_8 剔除后，将剩余 15 个数据重新按上述步骤计算（步骤略），发现所有残余误差均小于格拉布斯鉴别值，可判定已无离群值，全部数据中仅 X_8 为离群值。

3. 罗曼诺夫斯基准则（t 检验准则）

设一组 n 个独立重复观测值 X_i，$i=1,2,\cdots,n$，怀疑其中 X_d 为离群值。要判断 X_d 是否为离群值，先计算不含 X_d 的算术平均值：

$$X_a = \frac{1}{n-1}\sum_{i=1}^{n} X_i (i \neq d)$$

再求出不含 X_d 的实验标准偏差：

$$s = \sqrt{\frac{1}{n-2}\sum_{i=1}^{n}(X_i - X_a)^2} \quad (i \neq d)$$

根据观察次数 n 及所要求的显著性水平 a（$a=1p$），查 t 检验系数 $K(n,a)$ 表（表6-2），得 t 检验系数 $K(n,a)$ 值。

表6-2 t 检验系数 $K(n,a)$ 表

a	n												
	4	5	6	7	8	9	10	11	12	13	14	15	16
0.01	11.46	6.53	5.04	4.36	3.96	3.71	3.54	3.41	3.31	3.23	3.17	3.12	3.08
0.05	4.97	3.56	3.04	2.78	2.62	2.51	2.43	2.37	2.33	2.29	2.26	2.24	2.22

a	n												
	17	18	19	20	21	22	23	24	25	26	27	28	29
0.01	3.04	3.01	3.00	2.95	2.93	2.91	2.90	2.88	2.86	2.85	2.84	2.83	2.82
0.05	2.20	2.18	2.17	2.16	2.15	2.14	2.13	2.12	2.11	2.10	2.10	2.09	2.09

若存在

$$|X_d - X| > K(n,a) \cdot S(X) \tag{6-6}$$

则可认为 X_d 为离群值，应予剔除。

对较为精确的实验，可选用 2～3 种准则加以判断，当几种准则结论一致时予以剔除；当几种准则结论不一致时，应慎重考虑，一般可不予剔除。

6.5 最小二乘法

在实验中经常要观测两个有函数关系的物理量，根据两个量的多组观测数据来确定它们的函数曲线，这就是实验数据处理中的曲线拟合问题。这类问题通常有两种情况：一种是两个观测量 x 与 y 之间的函数形式已知，但一些参数未知，需要确定未知参数的最佳估计值；另一种是 x 与 y 间的函数形式还不知道，需要找出它们之间的经验公式。第二种情况常假设 x 与 y 之间的关系是一个待定的多项式，多项式系数就是待定的未知参数，从而可采用类似于前一种情况的处理方法。

1. 最小二乘原理

在两个观测量中，往往有一个量的精度比另一个高得多，简单起见把精度较高的观测量看作没有误差，并把这个观测量选作 x，而把所有的误差只认为是 y 的误差。设 x 和 y 的函数关系为

$$y = f(x; c_1, c_2, \cdots, c_m) \tag{6-7}$$

式中，$c_1, c_2, \cdots, c_m$ 是 m 个要通过实验确定的参数。

对每组观测数据 (x_i, y_i)（$i=1, 2, \cdots, N$）都对应于 xy 平面上一个点。若不存在测量误差，则这些数据点都准确落在理论曲线上。只要选取 m 组测量值代入式（6-7），便得到方程组

$$y_i = f(x; c_1, c_2, \cdots, c_m) \tag{6-8}$$

式中，$i=1, 2, \cdots, m$。

求 m 个方程的联立解即得 m 个参数的数值。显然当 $N<m$ 时，参数不能确定。

在 $N>m$ 的情况下，式（6-8）不能直接用解方程的方法求得 m 个参数值，只能用曲线拟合的方法处理。设测量中不存在系统误差，则 y 的观测值 y_i 围绕着期望值 $f(x_i; c_1, c_2, \cdots, c_m)$ 摆动，其分布为正态分布，则 y_i 的概率密度为

$$p(y_i) = \frac{1}{\sqrt{2\pi}\sigma_i} \exp\left\{-\frac{[y_i - \langle f(x_i; c_1, c_2, \cdots, c_m)\rangle]^2}{2\sigma_i^2}\right\}$$

式中，σ_i 是分布的标准偏差。

为简便起见，用 C 代表 $(c_1, c_2, \cdots, c_m)$。考虑各次测量是相互独立的，故观测值 $(y_1, y_2, \cdots, y_N)$ 的似然函数为

$$L = \frac{1}{(\sqrt{2\pi})^N \sigma_1 \sigma_2 \cdots \sigma_N} \exp\left\{-\frac{1}{2}\sum \frac{[y_i - f(x; C)]^2}{\sigma_i^2}\right\}$$

取似然函数 L 最大来估计参数 C，应使

$$\sum_{i=1}^{N} \frac{1}{\sigma_i^2}[y_i - f(x_i; C)]^2 = \min \tag{6-9}$$

式（6-9）表明，用最小二乘法来估计参数，要求各测量值 y_i 的残差 δ_i 的加权平方和为最小。

根据式（6-9）的要求，可得到方程组

$$\sum_{i=1}^{N} \frac{1}{\sigma_i^2}[y_i - f(x_i; C)]\frac{\partial f(x; C)}{\partial C_k} = 0 \quad (k=1, 2, \cdots, m) \tag{6-10}$$

解方程组式（6-10），即得 m 个参数的估计值 $(\hat{c}_1, \hat{c}_2, \cdots, \hat{c}_m)$，从而得到拟合的曲线方程 $f(x; \hat{c}_1, \hat{c}_2, \cdots, \hat{c}_m)$。

2. 最小二乘拟合

拟合函数为代数多项式，为常见的曲线拟合形式，即拟合函数为

$$y = a_0 + a_1 x + a_2 x^2 + \cdots + a_n x^n$$

由式（6-10），可得方程组（共有 m 组数据且 $m>n$）：

$$\begin{bmatrix} m & \sum x_i & \cdots & \sum x_i^n \\ \sum x_i & \sum x_i^2 & \cdots & \sum x_i^{n+1} \\ \cdots & \cdots & \cdots & \cdots \\ \sum x_i^n & \sum x_i^{n+1} & \cdots & \sum x_i^{2n} \end{bmatrix} \begin{bmatrix} a_0 \\ a_1 \\ \cdots \\ a_n \end{bmatrix} = \begin{bmatrix} \sum y_i \\ \sum x_i y_i \\ \cdots \\ \sum x_i^n y_i \end{bmatrix}$$

求解方程组可得相应的拟合系数 a_i（$i=0, 1, 2, \cdots, n$），进而可得拟合函数。

当 $n=1$ 时，即为应用极为广泛的线性拟合，拟合函数为 $y = a_0 + a_1 x$。

$$\begin{bmatrix} m & \sum x_i \\ \sum x_i & \sum x_i^2 \end{bmatrix} \begin{bmatrix} a_0 \\ a_1 \end{bmatrix} = \begin{bmatrix} \sum y_i \\ \sum x_i y_i \end{bmatrix} \tag{6-11}$$

解得拟合系数 a_0、a_1，即可得拟合函数。

【例 6-2】 电流通过 2Ω 电阻，用伏安法测得的电压电流如下表：

I (A)	1	2	4	6	8	10
U (V)	1.8	3.7	8.2	12.0	15.8	20.2

用最小二乘法确定电压和电流的关系。

解：

(1) 确定 $U=\varphi(I)$ 的形式

将数据点描绘在坐标系上，见下图：

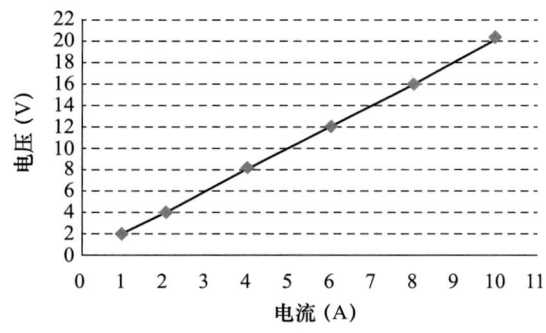

可以看出这些点在一条直线的附近，故用线性拟合数据，即
$$U=a_0+a_1 I$$

(2) 建立方程组

$m=6$，$\sum_{k=1}^{6} I_k = 31$，$\sum_{k=1}^{6} I_k^2 = 221$，$\sum_{k=1}^{6} U_k = 61.7$，$\sum_{k=1}^{6} I_k U_k = 442.4$，由式 (6-11) 可得

$$\begin{bmatrix} 6 & 31 \\ 31 & 221 \end{bmatrix} \begin{bmatrix} a_0 \\ a_1 \end{bmatrix} = \begin{bmatrix} 61.7 \\ 442.4 \end{bmatrix}$$

(3) 求经验公式

解上述方程组，可得 $a_0=-0.215$，$a_1=2.032$。故经验公式为
$$U=-0.215+2.032I$$

附录　材料力学实验报告

材料力学实验及报告要求

实验报告是实验者提交的实验成果，是对实验的总结。为了使学生养成认真、严谨、求实的工作作风，进行实验时须做到如下几点：

1. 实验前做好准备工作

复习实验相关的材料力学理论的有关内容，预习实验指导相关内容，明确实验目的、要求、原理及所使用机器的构造原理，写出实验预习报告。准备好计算器、铅笔、圆珠笔、三角板和橡皮等工具，以便在实验中使用。

2. 正确完成实验操作

进入实验室后，认真听取实验指导老师的讲解；认真阅读实验室安全制度和仪器设备使用操作规程，确保实验过程中的人身安全和实验安全。

实验准备就绪后开始实验，在实验过程中应认真观察、记录实验数据；相互配合完成实验内容，注意从仪器上读取测试数据的单位要和实验报告中要求的计算单位相一致。

3. 实验后工作

实验结束后，所测得的实验数据、原始记录经指导老师检查签字认可后，将实验装置恢复原状，布置整齐，打扫室内卫生后方可离开。

4. 材料力学实验报告要求

应认真独立完成，要坚持实事求是的科学态度，如实记录实验数据，不得抄袭。完成实验报告时注意以下内容：

① 实验原理：简要说明本实验所依据的原理、公式、方法及其他主要仪器描述。

② 实验步骤：按实验过程的先后顺序写出主要步骤，对加载方案要有计算过程。

③ 试件尺寸：在表格中填写实验前后所测得的实际数值。

④ 实验结果及分析：在实验中将记录的原始数据利用有关公式进行分析处理。要求书写整齐，数据必须使用国标单位，要注意仪器的精度和有效数字。在计算中所用到的公式必须明确列出，并理解公式各符号所代表的意义。

实验 1　压缩实验报告

同组人员姓名：

实验日期：　　　年　　月　　日　　　　　　　指导老师签字：

1. 实验目的

2. 实验原理

3. 仪器名称及主要规格（包括量程、精度等）

4. 实验步骤

5. 试件尺寸

材料	实验前					实验后			
	高度 H_0 (mm)	直径 d_0 (mm)			横截面面积 S_0 (mm^2)	高度 H_1 (mm)	直径 d_1 (mm)		
		(1)	(2)	平均			(1)	(2)	平均
低碳钢									
铸铁									

6. 实验结果及分析（包括计算步骤、试件实验前、后形状立体图、力—变形曲线）

7. 问题讨论
(1) 为什么要采用标准试件或比例试件？

(2) 铸铁受压时，为什么沿着与横截面成 45°～55°倾斜的截面破坏？

实验 2 拉伸实验报告

同组人员姓名：
实验日期：　　　年　　月　　日　　　　　　　指导老师签字：

1. 实验目的

2. 实验原理

3. 仪器名称及主要规格（包括量程、精度等）

4. 实验步骤

5. 试件尺寸

材料	标距 L_0 (mm)	直径 d_0 (mm)									最小横截面面积 S_0 (mm²)
		截面Ⅰ（上）			截面Ⅱ（中）			截面Ⅲ（下）			
		(1)	(2)	平均	(1)	(2)	平均	(1)	(2)	平均	
低碳钢											
铸铁											

6. 实验结果及分析（包括计算步骤、试件实验前、后形状立体图、力-变形曲线）

7. 问题讨论
（1）低碳钢在拉伸过程中有哪几个阶段？低碳钢的屈服荷载是如何确定的？

（2）同种材质低碳钢试件测断后延伸率时，δ_{10} 与 δ_5 的值哪个大？为什么？

实验 3 拉伸弹性模量（E）的测定实验报告

同组人员姓名：

实验日期：　　　年　　月　　日　　　　　　　指导老师签字：

1. 实验目的

2. 实验原理

3. 仪器名称及主要规格（包括量程、精度）

4. 实验步骤

5. 试件尺寸

材料	标距 L_0 (mm)	直径 d_0 (mm)									平均横截面面积 S_0 (mm²)
		截面Ⅰ（上）			截面Ⅱ（中）			截面Ⅲ（下）			
		(1)	(2)	平均	(1)	(2)	平均	(1)	(2)	平均	
低碳钢											

6. 实验结果及分析（测试数据列表显示、计算步骤、绘制力—变形曲线）

7. 问题讨论

(1) 弹性模量（E）的物理意义是什么？E 能否直接从试验机绘出的 F—ΔL 曲线上求出？

(2) 为什么要加初荷载？为什么要严格控制最大荷载值，且使应力在材料比例极限之下？

实验 4 扭转实验报告

同组人员姓名：
实验日期：　　　年　　月　　日　　　　　　指导老师签字：

1. 实验目的

2. 实验原理

3. 仪器名称及主要规格（包括量程、精度等）

4. 实验步骤

5. 试件尺寸

材料	标距 L_0 (mm)	直径 d_0 (mm)									扭转截面系数 W_t (mm³)
		截面Ⅰ（上）			截面Ⅱ（中）			截面Ⅲ（下）			
		(1)	(2)	平均	(1)	(2)	平均	(1)	(2)	平均	
低碳钢											
铸铁											

6. 实验结果及分析（计算步骤、实验前、后试件形状立体图，扭矩—扭转角曲线）

7. 问题讨论
（1）低碳钢拉伸和扭转的断裂方式是否一样？破坏原因是否相同？

（2）铸铁在压缩和扭转时，断口都与轴线成 45°，破坏原因是否相同？

实验 5 剪切弹性模量（G）的测定实验报告

同组人员姓名：

实验日期：　　年　　月　　日　　　　　　　指导老师签字：

1. 实验目的

2. 实验原理

3. 仪器名称及主要规格（包括量程、精度等）

4. 实验步骤

5. 试件尺寸

材料	标距 L_0 (mm)	直径 d_0 (mm)									极惯性矩 I_P (mm^4)
		截面Ⅰ（上）			截面Ⅱ（中）			截面Ⅲ（下）			
		(1)	(2)	平均	(1)	(2)	平均	(1)	(2)	平均	
低碳钢											

6. 实验结果及分析（测试数据列表显示、计算步骤、扭矩—扭转角曲线）

7. 问题讨论

（1）剪切弹性模量（G）的物理意义是什么？G 能否直接从试验机绘出的 $T—\Delta\varphi$ 曲线上求出？

（2）为什么要加初荷载？为什么要用增量法加荷载，且使最大应力控制在材料比例极限之内？

实验 6　梁弯曲正应力电测实验报告

同组人员姓名：

实验日期：　　　年　　月　　日　　　　　　　指导老师签字：

1. 实验目的

2. 实验原理及计算简图

3. 仪器名称及主要规格（包括量程、精度等）

4. 实验步骤（包括估算最大弹性荷载及加载方案等）

5. 测试数据（应变仪读数为 $\mu\varepsilon$）

荷载（N）		应变仪读数 $\mu\varepsilon$（$10^{-6}\varepsilon$）								
		测点 1		测点 2		测点 3		测点 4		测点 5	
F	ΔF	ε	$\Delta\varepsilon$	ε	$\Delta\varepsilon$	ε	$\Delta\varepsilon$	ε	$\Delta\varepsilon$	ε	$\Delta\varepsilon$
均值		$\Delta\varepsilon_1=$		$\Delta\varepsilon_2=$		$\Delta\varepsilon_3=$		$\Delta\varepsilon_4=$		$\Delta\varepsilon_5=$	

6. 实验结果及分析（计算理论及实验应力值、相对误差，截面测点的应变分布曲线）

7. 问题讨论
为什么要进行温度补偿？要求满足哪些条件？

实验 7　弯扭组合变形时主应力的测定

同组人员姓名：
实验日期：　　　年　　月　　日　　　　　　　指导老师签字：

1. 实验目的

2. 实验原理及实验装置简图

3. 仪器名称及主要规格（包括量程、精度等）

4. 实验步骤

5. 试件测试数据（应变仪读数为 $\mu\varepsilon$）

荷载（N）		应变仪读数 $\mu\varepsilon$（即 $10^{-6}\varepsilon$）										
		B 点应变花						D 点应变花				
		$-45°$		$0°$		$+45°$		$-45°$		$0°$		$+45°$	
F	ΔF	ε	$\Delta\varepsilon$	ε	$\Delta\varepsilon$	ε	$\Delta\varepsilon$	ε	$\Delta\varepsilon$	ε	$\Delta\varepsilon$	ε	$\Delta\varepsilon$
均值		$\Delta\varepsilon_{B-45°}=$		$\Delta\varepsilon_{B0°}=$		$\Delta\varepsilon_{B45°}=$		$\Delta\varepsilon_{D-45°}=$		$\Delta\varepsilon_{D0°}=$		$\Delta\varepsilon_{D45°}=$	

6. 实验结果及分析（包括计算理论应力、实验应力的大小和方向，两者相对误差分析等）

7. 问题讨论

(1) 实验误差是由哪些因素造成的？

(2) 为了测量弯曲正应力，可采用哪种接桥方法？

参 考 文 献

[1] 王谦源. 工程力学实验教程 [M]. 北京：科学出版社，2007.
[2] 古滨，万鸣，王亦恩. 材料力学实验指导与实验基本训练 [M]. 北京：北京理工大学出版社，2016.
[3] 杨耀锋. 力学实验 [M]. 北京：科学出版社，2016.
[4] 刘鸿文，吕荣坤. 材料力学实验 [M]. 北京：高等教育出版社，2017.
[5] 魏义敏，乐忠萍，周迅. 材料力学实验 [M]. 武汉：华中科技大学出版社，2020.
[6] 邓宗白，陶阳，金江. 材料力学实验与训练 [M]. 北京：高等教育出版社，2022.
[7] 曹书文，刘秦龙，李东波. 实验力学 [M]. 北京：中国建材工业出版社，2022.